情绪控制法

『推开心理咨询室的门』编写组 编著

中国纺织出版社有限公司

内 容 提 要

人都是情绪化的动物，一个人只有善于控制自己的情绪和欲望，才能找到自信的源泉，走向成功的彼岸。情绪就是心魔，你不控制它，它便会吞噬你。

本书是一本帮助读者改变坏情绪、赶走负能量、提升幸福感的心理自助读本。它带领读者朋友们了解情绪的真实面目，帮助读者摆脱负面情绪的干扰，摆脱对人生的担忧，让好运伴随好心情常驻你的心间。

图书在版编目（CIP）数据

情绪控制法 /“推开心理咨询室的门”编写组编著
. -- 北京：中国纺织出版社有限公司，2024.7
ISBN 978-7-5229-1675-0

Ⅰ. ①情… Ⅱ. ①推… Ⅲ. ①情绪—自我控制—通俗读物 Ⅳ. ①B842.6-49

中国国家版本馆CIP数据核字（2024）第073970号

责任编辑：张祎程　　责任校对：高　涵　　责任印制：储志伟

中国纺织出版社有限公司出版发行
地址：北京市朝阳区百子湾东里A407号楼　邮政编码：100124
销售电话：010—67004422　传真：010—87155801
http://www.c-textilep.com
中国纺织出版社天猫旗舰店
官方微博 http://weibo.com/2119887771
天津千鹤文化传播有限公司印刷　各地新华书店经销
2024年7月第1版第1次印刷
开本：880×1230　1/32　印张：7
字数：115千字　定价：49.80元

前言

生活中，想必我们都有这样的体会：当你心情愉悦时，做什么都干劲十足，看什么人都觉得顺眼，即使对方是你曾经讨厌的人；而当你心情不好时，你会食不知味，甚至夜不能寐。这就是情绪的影响力。

的确，人都是情绪化的动物，我们每天都会经历各种各样的事情，自然也会产生诸多不同的感受，或高兴，或欣喜，或悲伤，或愤怒，或偶尔觉得生活美满，或偶尔觉得工作压力大。这就是情绪，它存在于每个人的心中，而且在不同时期、不同场合产生着奇妙的效果。

那么，什么是情绪呢？

心理学上认为，情绪，是对一系列主观认知经验的统称，是多种感觉、思想和行为综合产生的心理和生理状态。最普遍、通俗的情绪有喜、怒、哀、惊、恐、爱、恨等，也有一些细腻微妙的情绪如嫉妒、惭愧、羞耻、自豪等。情绪常和心情、性格、脾气、目的等因素相互作用，也受到激素和神经递质影响。无论正面还是负面的情绪，都会引发人们行动的动机。尽管一些情绪引发的行为看上去没有经过思考，但实际上意识是产生情绪的重要一环。

生活中，我们常常羡慕那些将生活过得风生水起的人，这是因为他们自信、快乐、充实，能成为卓越的成功者；然而，还有一种人，他们过得空虚、窘迫、颓废。究其原因，主要是因为这两类人控制情绪的能力不同。

事实上，快乐与成功往往属于那些善于控制自己情绪的人，这是因为：

他们能正确认知和管理自我，也懂得灵活变通和审时度势，他们总能在各种场合中做到游刃有余。

他们无论在什么样的境况下都保持微笑，从他们的脸上，你看不到一点失望和沮丧，他们对生活、对工作也总是充满热情，在他们身上，积极乐观的天性被发挥得淋漓尽致。

他们有着强大的感染力，不仅在日常生活中能够做到轻松快乐，即便在竞争激烈的职场中，也同样能够做出很出色的成绩。只要有他们在，我们就能感受到满满的正能量。

同样，他们能在爱情中时刻保持着清醒理智的头脑，不与爱人斗气。即便在爱情或婚姻中并不那么顺利，他们也能很好地处理其中的问题，使之得到圆满解决。

的确，只有善于控制自己的情绪，赶走自己的坏情绪，才能找到自信的源泉，走向成功的彼岸，并能找到开启快乐的钥匙，拥有幸福快乐的人生。

我们可以说，良好的情绪管理能力是一种优秀的能力，也许你会羡慕他们，但这种能力不是天生就有的，而是需要后天有意识地培养、修炼。现在的你，是否急需要一本学习情绪管理的书，而这就是本书编写的初衷，本书从心理学的角度，全方位地为读者提供了控制情绪的方法，希望能对那些想要平定和掌控情绪的人有所帮助。

编著者

2023年12月

目录

第01章

控制坏脾气，告诉自己少生气

欣赏自己，别因一些缺点而自生自气

现实生活中能令人生气的理由有很多，其中一个就是自己的缺点。这样的理由听起来似乎有点啼笑皆非，但这样的人确实是存在的。生活如此美好，为什么因为自己的缺点而生气呢?

如果一个人只能看到自己的缺点而无法看到自己的闪光点，那么他内心的气恐怕是发泄不完且源源不断的，或许，生活中除了生气还是生气。其实，若他能够全面地了解自己，懂得欣赏、肯定自己，那么他的生活也就不会那么痛苦了。对此，心理专家建议我们：学会肯定并欣赏自己，千万不要自己找气生。

一个人只有首先欣赏自己，才能够以欣赏的眼光看待身边的人。而那些总关注自己缺点的人，常常因看不到自己的优点而陷入痛苦不能自拔，不但自己生活得不快乐，也会影响身边的人。

想要更加懂得欣赏自己，你需要做到：

1. 发现自己的闪光点

欣赏自己，要善于发现自己的闪光点。当你完成一个小目标的时候，要及时表扬自己，从中找到自己的优点。当遇到困难的时候，想想自己的优点，告诉自己“我可以”，就能更好地实现自己的价值，感悟生命的美好。

2. 不断超越自己

任何人想要在激烈的社会竞争中脱颖而出，就必须做到不断超越自己。在成长的过程中，要不断发扬自己的优点，只有我们学会欣赏自己，相信自己，才能在各个领域中展示出自己的能力和价值。

3. 欣赏自己，不自负

我们要学会欣赏自己，但这并不意味着自负。我们需要从日常生活中发现自己的优点，了解自己的独特之处，懂得自己的重要性。这样你就能更加有魅力了。

一个人要懂得欣赏自己，学会珍惜自己所拥有的一切。若一个人懂得欣赏自己，抱着积极、乐观的心态去生活、工作，那么就算再大的困难，也无法将他打倒。

要么控制脾气，要么被脾气控制

假如你不能控制自己的坏脾气，那么你注定要被坏脾气控制，成为坏脾气的奴隶。前文已经讲述了被坏脾气控制的坏处和恶果，那么，我们究竟怎样才能控制住自己的坏脾气呢？其实，还是有很多方法可以参考的。例如，首先，在事情发生之前就考虑到最坏的结果，这样就能心中有数，也能够在事发之前做好心理准备。这样一来，当事情真的发生的时候，就不至于手足无措了。其次，还可以在事发的时候提醒自己深呼吸。很多人之所以被坏脾气控制，是因为他们是个急脾气。其实，事情发生的时候，除非紧急情况，我们无须在第一时间就做出反应。对于大部分不那么着急的事情，我们完全可以先深呼吸一会儿，提醒自己冷静下来，然后再做出反应。最后，就像过红绿灯宁停三分不抢一秒一样，我们也可以让自己停下来，歇一歇，然后再想办法解决事情。这样，我们提出的方案就不至于太过偏激，考虑得也能够更加周全一些。

当然，控制自己坏脾气的方法还有很多，每个人都应该根据自己的现实情况采取最合适的办法。坏脾气带给我们生活的危害很大，不仅会伤害我们自己，更会伤害我们身边的人。所以，每个人都应该慎重对待自己的坏脾气，在坏脾气发作之前就努力控制住它。

雅娟是个不折不扣的坏脾气。很多时候，即使是一些小事情，也会使她怒火冲天。发起火来的她完全不顾及别人的感受，就像一支喷火的枪一样充满杀伤力。了解雅娟这个特点之后，很多朋友无形中都疏远了雅娟，毕竟谁也不愿意当别人的出气筒。

渐渐地，雅娟发现自己身边的朋友越来越少。为此，她问自己最好的朋友小娜：“小娜，为什么大家都不喜欢和我相处呢？”小娜想了想，说：“我告诉你，你可不许发脾气！”得到雅娟不发脾气的承诺后，小娜才继续说道：“你呀，就是脾气太坏了。你想啊，大家都是家里的娇娇女，谁愿意出来受你的气呢？而且，你一发起脾气来不管不顾的，让人脸上也挂不住啊！”听了小娜的话，雅娟正准备生气，突然想起自己承诺了小娜不生气，因此，她勉强地笑了笑说：“哎呀，我又不是故意的，我就这个脾气！”小娜看到雅娟控制住了怒气，接着说：“你呀，你的父母能容忍你的坏脾气，但是朋友可没有这个义务啊。他们觉得你这个人不好相处，自然就疏远你了！”雅娟其实也知道自己的毛病，因此她很诚恳地说：“那我该怎么办呢？我真的不是故意的。”

在小娜的建议下，雅娟去了心理诊所。医生了解了雅娟的情况后说：“你这种情况很常见，你无法控制自己的坏脾气，伤人伤己。其实，要想控制自己的坏脾气有个很简单的办法，那就是‘宁停三分，不抢一秒’。和开车一个道理，宁愿多等三分钟，也不要急于在那一秒之内对人对事做出反应。在这三分钟之内，你可以深呼吸，可以看看窗外的风景，就是不要开口说话，也不要怒形于色。”雅娟抱着半信半疑的态度按照医生说的去做了，果然，没多久她的坏脾气就得到了改善。她发怒的次数明显减少了，而且学会了站在别人的立场上考虑问题。再加上小娜经常在身边提醒她，所以她很好地控制住了自己的坏脾气。很快，雅娟身边又有了很多好朋友，快乐又重新回到了她身边。

坏脾气虽然很难控制，但是只要方法得当，还是会有改善的。前提是我们要认识到自己的坏脾气以及坏脾气给我们和身边的朋友带来的伤害，这样我们才能心甘情愿地控制自己的坏脾气，最后自然是事半功倍的。

坏脾气不可怕，只要用心，就一定能控制它！

小事别烦恼，保持好心情

英国著名作家迪斯雷利曾经说过：“为小事而生气的人，生命是短促的。”这句话的现实意义是深刻的，法国作家莫鲁瓦对此做过这样的解释：“这句话可以帮助我们忘却许多不愉快的经历。我们常常为一些不令人注意、会被迅速忘掉的微不足道的小事所干扰而失去理智。我们生活在这个世界上只有几十个年头，却为纠缠无聊琐事而白白浪费了许多宝贵的时光。试问时过境迁，有谁还会对这些琐事感兴趣呢？不，我们不能这样生活。我们应当把我们的生命贡献给有价值的事业和崇高的感情。只有这种事业和感情才会为后人一代代继承下去。要知道，‘为小事而生气的人，生命是短促的。’”

一位有钱的太太每天总是愁眉不展。她总是为一些琐碎的小事生气烦恼。她不知道如何摆脱这样的烦恼，便去求一位高僧为自己解惑。

高僧听了她的讲述，一言不发地把她领到一间禅房中，落锁后离去。

妇人气得破口大骂，但无论她如何说、如何做，高僧都不曾理会。那位太太又开始哀求，高僧仍置若罔闻。她终于接受现实，不再做任何反抗了。这时，高僧来到门外问她：“你还生气吗？”

那位太太说：“我只对我自己生气，为什么来这个地方自找罪受呢？”

“连自己都不原谅的人怎么能心如止水？”高僧拂袖而去。

过了一会儿，高僧又来问她：“你还生气吗？”

“已经不生气了。”那位太太说。

“为什么？”

“生气也不能解决问题啊，我还是被关在这个禅房里。”

“你的气还是没有消，只是被隐藏在心中，待它爆发后将会更加激烈。”高僧又转身离去。

高僧第三次来到门前，那位太太告诉高僧：“我已经完全不生气了，因为不值得气。”

“还知道值不值得，可见心中还有衡量，还是有气。”高僧笑道。

当高僧的身影迎着夕阳立在门外时，妇人问高僧：“大师，什么是气？”

高僧将手中的茶水倾洒于地。妇人视之良久，顿悟，叩谢而去。

何为气？气是别人吐出而你却接到口里的东西。你吞下只会很难受，你不看它时，它便消失不见了。

的确，若因为一些小事而斤斤计较，不仅会影响你的心情，还可能令身边的人远离你。元朝的著名学者许名奎在他的著作《劝忍百箴》中劝世人多一些忍耐，不要被小事束缚。他认为，顾全大局的人，不拘泥于区区小节；要做大事的人，不追究一些细碎的小事；观赏大玉圭的人，不细考察它的小疵；得巨材的人，不为上面的小虫孔而怏怏不乐。如果我们浪费太多的精力在小事上面，反而无暇注意生命中更美好、更伟大的事物。在小事中纠缠、摆脱不掉，只会令自己更加烦恼。

有时候，我们发现自己莫名为一些小事而烦恼，我们都不知道何时变得这么斤斤计较了。其实，并不是我们变了，而是我们养成了生气的习惯。既然是习惯，那么，我们也可以做一些事情来改变这一习惯，尽量做到以下几点：

1. 不过分苛求自己

有些人对自己期望过高，但是很多事情是穷尽个人所有力量也无法达成的。他们遭遇了一次又一次的失败，很容易变得郁郁寡欢。每个人做事都无法顾虑到方方面面，不要因为一些小瑕疵而自责。不如将自己的目标设定在自己的能力范围之内，不过分苛求自己，自然就能获得好心情了。

2. 善于从光明的一面观察事物

任何一个事件，从不同的角度看，就会有不同的结果。同一件事物，积极的人即使在失败中也能看到希望，而消极的人在成功中也会对未来充满担忧。生活中的很多事情，若我们能从光明的一面看待，就可以发现一些积极的意义。“塞翁失马，焉知非福”就是最好的证明。

3. 给坏情绪找一个出口

不良情绪也需要一个发泄的出口，一个不影响他人的出口，让那些不良情绪赶快远离我们的生活。若任这些不良情绪积压在内心深处，它们就会成为我们内心的沉重负担。当内心无法承受重压的时候，情绪就会来一个大爆发。与其等我们不堪重负时才给情绪找一个出口，不如当有不良情绪的时候就及时发泄出来。发泄的方式可以选择运动、听音乐、向朋友倾诉等。每个人可根据自己的实际情况选择适合自己的宣泄方式。

4. 享受生活

生活是美好的，虽然有时候会遇到很多困难，也许会就此跌倒，但跌倒加速了我们的成长。学会体验生活的美好，学会感悟生命的珍贵，学会欣赏他人，学会享受生活，也学会欣赏自己。

别为小事生气，对于一些委屈和难堪的遭遇，不如学着换个角度看待问题，以积极、乐观的心态看待一切。如果能从中领悟到成长的真谛，不也是另一种收获吗?

人无完人，别对自己要求太高

俗话说："金无足赤，人无完人。"这个世界上没有完美的东西，任何事物都有它的长处和短处。一个人总有失误的时候，谁也不敢保证自己就是永远的成功者；一个人总是有这样或那样的缺陷，谁也不能保证自己是最完美的。许多人忍受不了自己的错误，习惯用放大镜来看待自己的错误，从而陷入深深的自责，不能自拔，甚至不能原谅自己。事实上，每个人都会犯错，犯个错误没什么大不了的，不要用放大镜来看待自己的错误，自己生自己的气。既然，错误已经存在了，我们所需要考虑的是如何来弥补错误，完善自己，以免再犯类似的错误。一些爱生气的人往往是完美主义者，他们不能够容忍自己的错误，从而导致内心的烦恼、不满的情绪不断滋生。实际上，这是没有必要的。不要为自己标榜上"成功者"的印记，我们要承认自己不过是一个普通人，既然避免不了错误，就要尝试着接受那个犯错的自己。

人与人之间为什么会有永远的伤害呢？其实，这大部分都是因为一些无法释怀的坚持所造成的。如果我们能从自己做起，宽容地对待自己，原谅自己无意或有意犯下的错误，相信一定会收获意想不到的结果。当我们开启一扇窗户的时候，我们会看到更完整的天空。一个人需要宽容，因为宽容是一种美德，一种素质。我们首先需要宽容的就是自己，这样我们才有更宽广的胸怀去宽容别人。如果连自己都宽容不了，我们又怎么能原谅别人的错误呢？有人说，能够宽容自己的人，会拥有更融洽的人际关系。卡内基是美国著名的成功学家，他曾这样写道："通过对全球120名成功人士的调查发现，他们都有一个共同的特点，就是能够建立融洽的人际关系，正是因为他们有一颗宽容的心，人际关系才会那么好。"而且，那些取得瞩目成就的人，他们的成功之路也不会一帆风顺，总是波折不断。或许，他们曾经也犯了不少错误，但是，他们懂得原谅自己，以更加完美的姿态去迎接挑战，最后才赢得了成功。试想，如果他们总是纠结自己曾经的错误，那么他们可能会在忧郁中度过余生。

约翰尼·卡特是著名的灵魂歌手，在他事业蒸蒸日上的时候，却感觉到自己的身体已经被拖垮了。为了保证演出，他需要每天借助安眠药才能入睡，还需要服用药物来维持第二天的精神状态。后来，卡特的坏习惯越来越严重，一位行政司法长官对他说："约翰尼·卡特，今天我要把你的钱和药剂还给你，因为你比别人更明白自己能充分自由地选择自己想干的事。这就是你的钱和药剂，你现在就把这些药片扔掉吧，否则，你就去麻醉自己，毁灭自己，你自己做出选择吧！”那一瞬间，卡特醒悟了，然而，自己的过错能赢得歌迷的原谅吗？卡特并不知道，但是他明白，只有自己才能原谅自己。经过长时间的努力，他成功了，重新回到了久违的舞台。在那里，他获得了所有歌迷的原谅，不过，每每说到过去的记忆，卡特总不忘说一句：“我并没有放大我的错误，我只是用自己的行动告诉别人，我可以改正错误。”

的确，我们应该永远记住这样一句话：犯错并不是一件特别严重的事情，千万不要拿着放大镜看自己的错误，学会原谅自己吧！

学会原谅自己，不要纠结在自责中，平复内心的情绪，懂得知错就改，这样我们才能成为尽善尽美的人。

分散不快乐，将坏情绪转移出去

情绪，是一把双刃剑。当情绪被我们牢牢地掌控时，就成为被我们驯服的奴隶，我们便随时可以让坏情绪远离我们。无论顺境逆境、成功失败、得意失意，我们始终能保持冷静的头脑从容面对，泰然处之，体现修养和品质。但当坏情绪占据了我们的生命而挥之不去时，我们便沦为了情绪的奴隶。此时，坏的情绪可能使我们变得盲目、冲动、急躁、易怒，生活的常规被改变，人生的帆船在飘摇，于是失落、伤感、沮丧、绝望接踵而至，甚至歇斯底里，最终被情绪逼进了死胡同。其实，谁都有坏情绪，面对坏情绪，只要我们及时调节，就能消除，其中重要的方法之一就是转移法。

薇琪是一家外企公司的职员，她心地善良，也受到很多同事的欢迎，可是令她不明白的是，为什么许多和自己一起进公司的同事都晋升了，而自己还原地不动。

有一次，公司准备派一个女职员去接待合作公司的代表，薇琪想："这次该是我去了吧，我是公司外语最好的，应该没有理由不让我去了。"可是，第二天，公司还是没让她去，而是让一个新手去了。这让薇琪很不舒服，她这次忍无可忍了，准备找主管问清楚。当她正准备进主管办公室时，她在门外听到主管和经理的对话。

"经理，这样不好吧，薇琪的确能力挺强的，这次是不是太伤她的心了？"

"就她那个火暴脾气，万一她和合作方的代表两句话不对头吵起来都说不定，我可不能让她砸了公司的生意。你们有时间也多去劝劝薇琪改改自己的脾气，能力好也不能总情绪化，这是我们公司员工必备的素质和修养。”

这些话被门外的薇琪听见了，她终于知道自己的致命弱点了，怪不得以前大家都说在这家公司必须得有个好性子，否则别想升职，她算是明白了。

后来，薇琪尝试着控制自己的情绪，每次当自己要发作时，她都会选择以写字的方法来转移情绪。当她写了满满一页纸的时候，她的心情也就好了。一段时间以后，她的谈吐果然不一样了，整个人的气质也由内而外改变了很多。这些改变都被领导看在了眼里，她的晋升梦自然实现了，更关键的是，她的品质和修养得到了提升。

人类最大的敌人永远是自己。坏情绪就像弹簧，假如你一次又一次地后退，坏情绪就会一次又一次地前进，直到最后占据你心灵的高地，全盘操纵你的一切。你的正义、勇敢、上进、积极、坚毅的品格全都遭受蹂躏和践踏，于是走向失败。

所以，我们不但要控制坏情绪，还要学会转移情绪。当我们被坏情绪所困扰，又不能对他人发泄的时候，不妨尝试自我调节和放松。心理学家认为，“在发生情绪反应时，大脑中有一个较强的兴奋灶，此时，如果另外建立一个或几个新的兴奋灶，便可抵消或冲淡原来的优势中心”。我们因为某件不顺心的事情烦躁、暴怒的时候，可以有意识地做点别的事情来分散注意力，缓解情绪。如听音乐、散步、打球、看电影、骑自行车等活动，这些都有利于缓解不良的情绪。

不良情绪是病毒，别让它传染到自己身上

著名作家大仲马说：“你要控制你的情绪，否则你的情绪便会控制了你。”对此，耶鲁大学组织行为学教授巴萨德说：“有四分之一的上班族会经常生气。”如此看来，人们经常受到不良情绪的干扰，而且稍有不慎，情绪就会成为我们的主人。有人这样形象比喻：“经常性的生气就好像不断地感冒一样。”在日常生活中，如果我们想要避免感冒的侵袭，通常的做法是防护自己的身体，这样感冒的病毒就不会传染到自己的身上。生气与感冒一样，如果我们没能做好预防工作，无可避免地会常常生气。因此，为了不让怒气传染给自己，我们应该做好一级防护。

为了避免怒气的蔓延，我们所需要做的防护工作主要在于学会冷静思考，使自己在怒气来临时变得平和，这样我们才能有效地避免盲目冲动。那么，如何才能做到冷静思考呢？对

此，爱德华·贝德福这样说道：“每当我克制不住自己冲动的情绪，想要对某人发火的时候，就强迫自己坐下来，拿出纸和笔，写出某人的优点。每当我完成这个清单时，内心冲动的情绪也就消失了，也能够正确看待这些问题了。这样的做法成了我的工作习惯，很多次都有效地制止了心中的怒火。我逐渐意识到，如果当初我不顾后果地发火，那会使我付出惨重的代价。”贝德福有这样的习惯，其实是得益于自己早年所经历的一件事。

十几年前，美国最著名的石油公司中的一位高级主管做出了一个错误的决策，而这个决策使整个公司亏损了两百多万美元。当时，洛克菲勒是这家石油公司的老总，而贝德福则是这家石油公司的合伙人。事情发生之后，他并没有前往石油公司，但是他从侧面了解到，在公司遭到巨大经济损失后，那位主要责任人却一直在躲避洛克菲勒，企图躲过一劫。他感到事情不好处理，怀着对那位主管责难的心情，他走进了洛克菲勒的办公室。

当贝德福进去时，正看见他在一张纸上写着什么，或许是听到了他的脚步声，洛克菲勒抬起头，向他打招呼：“哦，是你！我想你已经知道我们公司遭受的损失，我思考了很久，但是在叫那个高级主管来讨论这件事情之前，我做了一些笔记。”贝德福点点头，心想，的确应该计算一下那位主管所造成的经济损失，这样才有说服力。他走了过去，看了看那张纸，顿时他惊呆了，那张纸上居然写着那位高级主管的一系列优点，其中，那位主管还曾三次为公司做出过正确的决策，洛克菲勒在后面备注了这样一句话：“他为公司赢得的利润远远超过了这次损失。”

看完了洛克菲勒所记录的那些，贝德福感到十分不解，向他质问道：“难道你打算原谅那位让公司损失两百万美元的家伙？你难道不感到生气吗？”洛克菲勒并没有理会贝德福夹杂在话里的怒气，他笑着回答：“难道你觉得这样不合适吗？听到公司损失的消息之后，我比你生气，当时就决定解雇这位主管，但是当我平静下来以后，发现事情并没有如此糟糕，经济的损失可以下次再赚回来，而失去优秀员工则是不可挽回的。”当然，那位主管最后并没有受到任何责备，贝德福心中的怒气也消失得一干二净。

这件事情对爱德华·贝德福的影响非常大，以至于后来，他在回忆这件事情的时候，还忍不住发出了这样的感慨：“我永远忘不了洛克菲勒处理这件事的态度，它影响了我以后的生活，我不再轻易生气，甚至面对怒气，我已经做好了一级的防护工作。”这一点并不假，所有贝德福下面的员工都可以作证，在这件事以后，贝德福的脾气出奇的好，几乎没有情绪波动的时候。

生气，是一个人由于自己的尊严或利益受到伤害而产生的冲动情绪，并且很难立刻冷静下来。阻止不良情绪的蔓延，就如同抵制感冒的侵袭，我们应该增强自身的抵抗能力，善于思考，努力使自己变得平和。这样，即使怒气汹涌而来，我们也能将它阻拦在外，冷静处理事情。

心理学家认为，生气是人的弱点，所谓的大胆和勇敢，并不是动辄生气，而是学会思考，学会克制自己内心的冲动情绪。

第02章

你的坏脾气，会影响你的好运气

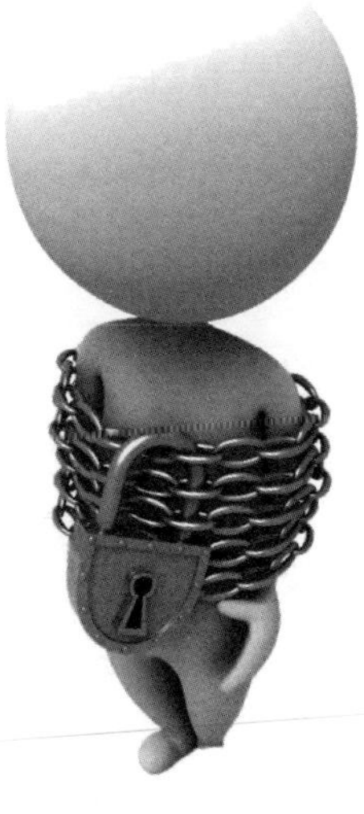

想要好人缘，先要戒掉坏脾气

如果你的父母是坏脾气的人，你大概会觉得很痛苦，然而，你无法改变父母长久以来养成的脾气秉性，只能痛苦地忍耐。如果你的孩子有坏脾气，那么你在为他担忧之余完全有机会循序渐进地改变孩子的脾气，使其学会忍耐，学会理智地思考问题、冷静地处理问题。那么，如果你的朋友是个坏脾气呢？有很多谈婚论嫁的情侣最终因为难以忍受对方的坏脾气而选择分手，那么，遇到坏脾气的朋友结果就可想而知了。相信绝大部分的人在遇到坏脾气的朋友时都会选择逃跑。既然没有牢固的感情让你决定忍耐对方，又没有足够的理由让你决定包容对方，那么逃跑就是你唯一的选择。即使这个坏脾气的人心地善良，恐怕也没有人愿意忍受他的坏脾气。这就是坏脾气使好人没有好人缘的理由。

几乎所有人都说老张是个好人，但是同样几乎所有人都不愿意和老张相处。其实，老张人特别好，是个面冷心热的人。但是，他的脾气真的不太好，有些古怪不说，还特别急躁，对于自己认定的事总是一意孤行，不听劝告。

朋友会在评价老张的时候中肯地说："人很好，但脾气很烂，真心受不了。"

老张是学校的老师，在一次年级竞赛中，老张与另外一个平日里关系比较好的老师产生了冲突。原因是那位老师为了获得名次，居然协助学生作弊。从道理上来讲，当然是这个老师错了，但是，老张的处理方式让所有人都瞠目结舌。在全校老师的例会上，校长正准备宣布散会，老张突然站起身来说道："今天，我有件事情必须向大家揭露，那就是某某老师为了取得名誉和奖金，居然违背师德，帮助学生作弊。"在老张的揭发下，全场哗然，可想而知，那位老师的颜面何在。其实，大家都是同事，哪怕老张想揭发那位老师，也完全可以采取一种比较迂回或者委婉的方式，至少在没有得知校长对此事的态度之前，不应该如此让人没有回旋余地。实际上，他这不仅是给那位老师下马威，也是在给学校的领导"上眼药"啊！从此之后，大家都对老张敬而远之，生怕一不小心成了老张铁面无私下的牺牲品。

在这个事例中，其实老张的本心不坏，他之所以揭发那位老师，也并非是为了报私仇或者是什么其他的原因，而是因为他为人正直，脾气耿直。让人遗憾的是，老张虽然是出自好心，却办了坏事，就连校领导都不领他的情。因为他在急脾气的驱使下唐突地把这件事公布于众，导致校领导也非常被动。

为人处事，仅有好心是不够的，因为好心办坏事的情况也时有发生。我们应该控制好自己的脾气，采取合适的方式和恰当的态度，这样才能既当好人，又有好人缘。

即使心眼再好，如果做事情不讲究方式方法，在坏脾气、急脾气的驱使下做出冲动之举，也不会有好人缘。

脾气好的人更受欢迎

英国大散文家威廉·赫兹里特曾说过：“好脾气是人生的一笔财富。”好脾气是一种人生修养，是一种为人处世的智慧。好脾气的人知道如何控制好自己的情绪赢得好人缘，不让自己成为情绪的奴隶。

好脾气是一种独特的魅力，能让别人感觉如沐春风，很容易获得身边人的喜爱。好脾气的人有一种魔力，能更受欢迎。

小蔡是一个办公文员，工作认真负责，但是有点爱发脾气，总是很容易与他人争吵。

有一次，小蔡正在写一个策划案，人事部的人找她来商量事情。小蔡的工作被打断了，于是她生气地说：“之前不是已经商量过了吗？为什么还要再来一次呢？真烦人！”说着，赌气地低下头继续写策划案，再也不理那个人。

这时，策划部小张来了，他告诉小蔡他们要用会议室，让她把门打开。小蔡刚坐下，一听就来气了：“公司有明文规定，想用会议室要提前预约，怎么总是不遵守呢？”说着把登记簿一扔，自己拿着钥匙去开门了。

这样的事情时有发生，身边的人都对小蔡有意见了。到公司年底评比的时候，小蔡的分数比较低，几乎所有跟她有过接触的人都给了她差评。

在漫长而美好的一生中，拥有好脾气是十分重要的。一个好脾气的人，能在复杂的人际关系中找到自己的一方天地，并能在自己的天地中与他人和谐相处。对于一个人来说，想要拥有良好的人际关系，靠的不是外在，而是你的脾气。在人际交往过程中，只有拥有好脾气，不悲不怒，才能与他人建立融洽的关系。

那么，在日常生活中，我们该如何用自己的好脾气来为自己赢得好人缘呢？

1. 真诚待人

好脾气的人待人真诚，而真诚是人与人之间建立信任的基础。好脾气的人在犯错误的时候会勇于承担责任，认真道歉，这也是真诚的表现。真诚还体现在对待他人的态度上，即不因自己的个人喜好而区别对待他人。

真诚还体现在对他人的赞美上，真诚赞美源自内心的欣赏，而不是曲意逢迎。真诚的赞美是友谊的源泉，因为谁都想听到对方真诚的赞美。真诚的赞美能拉近你和朋友间的距离，让你们之间更加亲密无间。

2. 宽容的心

俗话说，“金无足赤，人无完人”。每个人都有缺点，都有做错事情的时候。谁又能保证自己不会无意中伤害到他人呢？在我们做错事情，不小心伤害他人的时候，我们很希望获得对方的谅解。别人犯错误的时候同样也想获得我们的原谅。所以，我们应该以宽容的态度看待人和事物。

宽容是与人交往的原则，你将因此赢得他人的尊重和赞赏。反之，一个没有宽容之心的人，不能原谅对方的过错，不能容忍对方的小缺点，会将别人越推越远。是很难获得真正的友谊的。所以，在面对别人的缺点或者过错的时候，我们应该多一份理解与宽容。

3. 把微笑当作“好脾气”的招牌

微笑是最简单、最温暖的面部语言。有了微笑，就能避免很多矛盾，化解很多争端，从而平息我们的不良情绪。微笑是好脾气的最佳招牌，当我们遇到别人开玩笑攻击自己的时候，不妨对对方报以微笑吧。这样不仅能够展现出自己的良好修养，也能令对方知难而退，并且愿意与我们交往下去，这远比图一时痛快尽情向对方发泄自己的情绪好得多。

从现在起，告别愤怒的情绪。想要实现这一目标，需要一个漫长的过程。只有自己掌握了摆脱愤怒的方法，才能更快乐地生活。

一味地发脾气只能让事情更糟糕

面对生活中的很多突发状况，发脾气能解决问题吗？很多人都知道不能。然而，依然有很多人无法控制地发脾气。其实，生活就是这样反复无常，没有人的一生是一帆风顺的。生活中，既有坦途，也有逆境。面对顺境，我们也许会笑逐颜开；面对逆境，我们也许会愁眉不展。其实，欢笑并不能使顺境锦上添花，哭泣也不能使逆境尽早结束。人生在世，我们需要的是以一颗平常心面对生活中的花开花落，潮起潮落。这样，人生才会更加和缓平顺，在遇到坎坷的时候，我们也不至于无从应对。

人们常说，生气是用别人的错误惩罚自己，其实，发脾气又何尝不是呢？通常情况下，只有生气的人才会发脾气，一个心情愉悦的人又何来脾气可发呢？发脾气，不仅使我们的身体状况在愤怒的状态下受损，也使身边的人受到我们坏脾气的影响而心情恶劣。更有甚者，发脾气会使事情朝着更加糟糕的方向发展。

如果不是因为乱发脾气，张军也许早就和未婚妻李梅结婚了。他们俩是从小一起长大的发小，高中毕业后，各自奔赴异地读完了大学。后来，他们大学毕业后相约回到了家乡。然而，也许是因为个性的不同，也许是因为大学的分离，总之，两个人再走到一起之后才发现记忆里的那些美好都变了味道。变化最大的是张军，他小时候虽然有些小脾气，但是还不乏可爱。但是如今，他的脾气越来越坏，动不动就乱发脾气。

眼看着两个人都走到了谈婚论嫁的时候，在讨论结婚细节时，因为与李梅家里的要求有些许出入，张军非但没有好言商谈，反而大发脾气。面对夹在父母和张军之间委屈得直哭的李梅，张军怒不可遏地说："我真没想到，李梅，你居然和你的父母一样势利。你爱的根本不是我的人，你是想嫁给房子，嫁给汽车！别拿你的父母当借口，你要是真的爱我，就不会因为你父母的阻挠而为难我。面对这样的局面，其实张军应该知道李梅夹在中间是最难受的，但是，脾气火暴的他非但没有安慰李梅，反而质疑李梅对自己的感情。对此，李梅委屈万分。在张军一次次发脾气之后，李梅最终决定和张军分手。她不是嫌弃张军家买不起房子和汽车，而是觉得受不了张军的脾气。人生漫长，他们未来需要面对的还有很多，如果经历这一点小的挫折就火冒三丈，又如何面对以后的生活呢？

李梅想的是对的，而张军原本能够抱得美人归，最终却只能对镜空叹。其实，张军无异于一个枢纽，但是他却没有起到枢纽的作用。如果他能够控制好自己的情绪，把这些细枝末节的事情处理好，那么，他就能够把这件好事做得完满一些，不会落得如此遗憾的下场。

在生活中，我们要控制好自己的坏脾气，避免像张军一样把好事变成坏事。很多时候，人生就像等待红绿灯，宁停三分，不抢一秒，只有耐心用心地等待，我们才能等来最终幸福的大结局。

不管面对什么事情，坏脾气只能使事情越变越糟糕，只有心平气和地想办法才能真正解决问题。

别让坏脾气阻挡你的成果

在生活中，我们经常看到有的人整天都笑呵呵的，从来没有烦恼，但是有些人却整日愁眉苦脸，即使遇到原本不应该生气的事情也会怒火中烧。其实，我们在自以为受到伤害或者是受到不公平的待遇时就会生气，却不知道生气是在拿别人的错误惩罚自己，不仅使自己感到痛苦，也使别人如坐针毡。由此可见，生气于人于己都不是一件好事情，我们应该改一改自己的坏脾气，使自己远离怒气。除了对身体健康有恶劣影响外，坏脾气还会严重影响我们的社会交往。人是群居动物，没有人能够脱离集体而生活。在生活与工作中，我们难免会遇到一些性情迥异的人，如何更好地与他们交往，是对我们的考验。交往的首要前提，是我们先要控制自己的坏脾气，使自己成为受欢迎的人。

不可否认，人的脾气有好坏之分。坏脾气的人就像一个不定时炸弹，总是给自己和别人带来不愉快的心情，而好脾气的人则恰恰相反，无论去哪里，都很受欢迎。尤其是在当今社会，人际交往已经上升到与工作能力相当的重要地位，即使你工作能力再强，但是如果无法与身边的人友好相处，那么你也不能真正地融入一个团队，实现与人合作。由此一来，坏脾气就严重影响了你的前程，使你离成功越来越远。

在公司里，张娜是出了名的“黑脸”。她大学毕业就进了公司，如今已经成为公司的元老级人物，掌管着公司最重要的销售部门。在销售部门，很多员工都谈虎色变，因为张娜的严厉是出了名的。虽然老总再三找她谈话，让她在处理具体问题的时候具体对待，不要总是等量齐观，还让她注意团结同事，但是张娜却一如既往。

张娜不仅铁面无私，而且脾气很坏。一旦有人犯了错误，张娜肯定是不管对方的脸面，当场就是一顿训斥。对于张娜的坏脾气，很多老员工都已经习惯了。然而，对于刚刚研究生毕业进入销售部门的李杜来说，他可受不了张娜那一套。有一次，李杜因为失误，导致公司失去了一个宝贵的订单。对于这件事情，老总表示谅解，说年轻人都是在错误中成长起来的。然而，张娜却揪住这个小辫子不放，不仅在销售部门的会议上公开批评了李杜，还说李杜“嘴上没毛，办事不牢”。这下了可把李杜惹恼了，犯了错误可以批评，但是不能搞人身攻击啊。人非圣贤，孰能无过呢。当李杜在老总面前说出这句话的时候，老总居然不由自主地笑了起来。这个年轻人有股子闯劲儿，居然敢到老总面前告状。后来，老总果然严肃地警告了张娜。

因为人缘不好，虽然大家平日里都忍气吞声，但是等到了投票选举副总经理的时候，原本资格最老、资历最深的张娜毫无悬念地落选了，而比张娜后进公司、人缘很好的人力资源部经理马蕴顺利升任副总经理。对于这一结果，每个人都很坦然，只有张娜惘然。她不知道，自己这么努力，这么忠诚于公司的利益，为什么被一个不如自己的人抢走了副总经理的职位呢？

没有任何人在公司里的地位是不可取代的，正如古代君臣之间的关系，水能载舟，亦能覆舟。作为领导，除了要做好本职工作外，最重要的就是搞好与下属的关系，因为职场同样适用“得民心者得天下”的道理！

坏脾气不但使你的身体健康受到损害，心情受到影响，还使你的人际关系越来越恶劣。你还等什么呢，赶紧远离坏脾气吧！

坏脾气阻碍事情的良性发展

发脾气，不仅危害我们的身心健康，也使身边的人因为受到我们坏脾气的影响而心情恶劣，甚至会让事情向更加不好的方向发展。

世界第一潜能开发大师安东尼·罗宾斯说："成功的秘诀在于懂得如何控制痛苦与快乐这股力量，而不为这股力量所反制。如果你能做到这一点，就能掌握住自己的人生，反之，你的人生也无法掌握。"其实，很多时候，使事情变得糟糕的，不是自身的能力或智慧不够，而是没有控制住自己的坏脾气。

1. 认识到坏脾气的危害

在现代社会生活中，我们总是和身边的人不断接触交往，希望能获得对方的欣赏和赞誉，获得珍贵的友情、合作等，否则就会感觉孤独、寂寞。人的行为是受意识调节和控制的。坏脾气只会让我们离这些越来越远，认识了坏脾气的危害，我们就能更好地培养好脾气。

2. 提高修养

不断开阔自己的心胸，培养良好的心态，使用正确的思维方法，提高理性控制的能力。人需要有广阔的胸襟，对别人多一份理解，不斤斤计较。当遇到事情的时候，我们能够保持理智，客观地看待事情，分析出谁对谁错，从而找到最佳的解决办法。

3. 意识控制

当你的愤怒情绪即将爆发的时候，要用理智控制自己的情绪，内心万不可失去了理智，还可以进行积极的自我暗示“要用理智克服愤怒，免得伤害自己”。聪明的人都能很好地控制好自己的情绪，不让它们成为自己前进路上的阻碍。

4. 情境转移

当你想要发脾气的时候，留在事发现场只会加重你的愤怒，此时不妨试着情境转移一下。迅速远离让你愤怒的场合，你可以和朋友逛逛街、聚聚会，也可以参加一些体育运动，或者简单地去户外散一下步。这样也能有效平息你的怒火。

每个人都会有脾气，如何控制好自己的情绪是每个人的必修课。若不分场合、不分时间地乱发脾气，只会让事情变得一团糟，这样对你解决问题也没有任何益处。若想顺利解决问题并且成为一个受欢迎的人，你就应该学习控制好自己的脾气。

聪明的人不轻易生气

常言道，不能生气的人是蠢货，不去生气的人是智者。生活中，总有些人一遇到点儿不如意就会火冒三丈，别人还没怎么着呢，自己就先气了个半死。那么，这种人是聪明还是傻呢？在生气的时候，他们非但没有惩罚别人，反而先用别人的错误惩罚了自己。因此，生活中真正的聪明人很少轻易生气。

不管是在生活中还是在工作中，人都难免要和别人打交道。俗话说，牙齿还会碰到舌头呢，更何况是人与人相处呢。人是群居动物，在打交道的过程中难免会因为各种各样的原因产生矛盾。这个时候，最重要的是找到合适的办法解决问题，而不是动辄生气，使事情恶化。很多时候，我们眼睛看到的未必是事实，我们耳朵听到的未必是真话。只有不生气，用心去体察人世百态，我们才能够真正感受到生活的百般滋味，也才能知道人心善恶。所以，聪明人很少生气，因为生气不但会伤害我们自己的身心健康，还会使我们变得愚蠢，变得失去理智。要想更好地与人相处，发展自身，我们就要学会做一个不生气的聪明人。

有位禅师特别喜爱兰花，除了把讲经拜佛外，几乎把所有的时间和心思都花费在培育兰花上。

有一次，禅师外出云游，临行前，他再三叮嘱弟子一定要照顾好自己的兰花。禅师走后，弟子们遵循师傅的嘱托，精心呵护兰花。然而，在给兰花浇水时，一个弟子不慎碰倒了兰花架，兰花盆被摔得支离破碎。见此情形，其他弟子纷纷责怪这个弟子，他们很担心师傅回来会生气。出乎他们的意料，云游回来的禅师得知兰花被摔碎了，非但没有生气，反而说：“我之所以种兰花，一则是为了供佛，二则是为了赏心悦目。假如因为兰花摔碎了就生气，那岂不是本末倒置了。”听了师傅的话，弟子们若有所悟。

很久以前，有个人叫爱地巴。他有一个非常奇怪的习惯，就是每当与人发生争执时就以最快的速度跑回家，然后围绕着自己的土地和房子跑三圈。经过多年的苦心经营，勤劳的爱地巴越来越富有，土地越来越多，房子也越来越多。然而，他的习惯始终没有改变，那就是一生气就围绕房子和土地跑三圈。爱地巴越来越老，但是他却一如既往。

尽管很多人都问爱地巴为什么这么做，但爱地巴都始终保守着这个秘密，不愿意说破。直到有一天，年迈的爱地巴艰难地拄着拐杖围着土地走完了三圈，孙子劝他不要再这样折腾自己了，他才语重心长地对孙子说：“年轻时，我很穷，生活艰难，每次吵架后我都围绕房子跑三圈，心想，我的土地这么少，我的房子这么小，我怎么能把宝贵的时间用于与人生气呢？后来，我的土地越来越多，房子越来越大，我告诉自己，我已经这么富有了，生活无忧，我为什么要因为一点儿小事就和人计较呢？只要这么想，我很快就会不生气了。”

第一个故事中的禅师是一个懂得生活智慧的人。他种花、养花并非是生活的目的，而是为了使生活锦上添花。如果为了生活的细枝末节而生气，岂不是得不偿失？第二个故事中，爱地巴显然在跑三圈的过程中成功地劝慰了自己，再三提醒自己生活的目的。虽然这个道理很容易就能说清楚，但是生活中依然有些人斤斤计较，为了生活的过程而忽略了生活的最终目的。假如我们能够牢牢记住生活是为了享受，而不是为了斗气，那么我们的心态就会平和几分。实际上，真正聪明的人知道自己真正想要的是什么，知道生活中最重要的是什么，这样一来，人生也就豁然开朗了。

聪明的人能够控制自己的情绪，合理地发泄自己的情绪，用理智驾驭情感，不被表象所迷惑，理智地应对一切的人和事。这就是不生气的智慧。

找个合理的宣泄方法，让自己放松

法国作家大仲马说：“人生是一串无数的小烦恼组成的念珠。”在日常生活中，怨恨、悲伤、忧愁或愤怒等不良情绪都是常见的情绪反应，而闷气是生气的内在表现。一个人生闷气的时候，实际等于整个人都陷入了不良情绪之中，容易产生孤独感和抑郁感，缺乏积极进取的精神。总而言之，闷气让一个人变得郁郁寡欢，因此，我们需要寻找让自己放松的方式。在电视剧《北京人在纽约》里，当破产的威胁、失败的阴影来袭时，王起明一边开车一边高唱“太阳最红……”获得了心灵上的暂时放松；在日本，每年都要举办一次呐喊比赛，那些情绪不满者向远处的大山大叫，以发泄心中的怒气。或许，对于每一个人而言，都有着不同的放松方式，但是，我们最终的目的是赶走郁积在心中的闷气。

里根是一个性格温和的人，但是，有时候他也会发脾气。当他生气的时候，会把铅笔或眼镜扔在地上，然后很快就能恢复平静。有一次，里根对侍从人员说：“你看，我在很久以前就学会了这样一个秘诀：当你生气时，如果控制不住自己，不得不扔掉一些东西来出气时，那么就要注意把它扔在自己的面前，一定不要扔得太远了，这样捡起来就会省力很多，捡起了东西，心情自然也就放松了。”

其实，在很多时候，所谓的放松方式就是发泄心中烦恼，无压力地宣泄不满情绪，将心胸放开，这样就会减少一些不必要的烦恼，而且避免了不良情绪感染到其他人。有一位商人谈到自己放松的方式，说："当我自知怒气快来的时候，会不动声色地想办法尽快离开，跑到自己的健身房。如果拳师在那里，我就跟他对打；如果拳师不在，我就猛力地锤击沙袋，直到发泄完自己的满腔怒火，整个人轻松下来为止。"愤怒是由于心理失去了平衡，或者是自己的要求和欲望没能得到满足。因此，我们可以转移心境，寻找一种轻松的方式，这样怒火自然就会被浇灭了。

《吕氏春秋》记载了这样一个故事：齐文王患了忧虑病，没能找到正确的治疗方式，时间长了，病情越来越严重，甚至到了卧床不起的地步。这时，大臣建议请名医来诊断病情，于是，齐国派人到宋国去请名医文挚进行医治。文挚查看了齐王的病情，判断出必须采取一定的方式来赶走病人心中的闷气，但是顾虑到这样会惹怒齐王而惹来杀身之祸。对此，齐国太子向文挚保证，无论如何都会保证他的安全，并与文挚约好了看病的时间。但是，文挚却连续三次失约，齐王虽在病床上，却对此十分恼怒。

后来，文挚终于应约而来，但是他不脱鞋就上床，并践踩齐王的衣服问病，气得齐王不肯答言。这时，文挚又用粗话刺激齐王，齐王终于按捺不住，翻起身来大骂，没想到，齐王的病却因此好了。

人们常说："言为心声，言一出，心便安。"积极的能量发泄可以采取唱歌、怒吼等方式，这也不失为一种轻松的方式。另外，哭泣也是一种行之有效的方式，据调查，85%的妇女和73%的男人在哭过之后，心情就会好一些。同时，将心中的烦闷写出来，也是一种自我放松的方式。一般情况下，写诗、写日记都能够有效地发泄郁积在心中的闷气，使情绪恢复平静。而且，从心理学上说，适当发泄长期以来积压的闷气，可以减轻或消除心理疲劳，比起将闷气郁积在心中，将怒气发泄出来会更好，这样可以使我们变得轻松愉快。闷气就像夏天的暴风雨一样，需要我们适当发泄，这样才能净化周围的空气，缓解心中的紧张情绪。闷气，只会让我们变得越来越抑郁，想要自己获得全身心的放松，我们必须寻找一些放松的方式，发泄心中不满的情绪，驱走心中的闷气，将自己解脱出来。

第03章

学会倾诉，通过合理途径宣泄坏脾气

偶尔发发牢骚，也是一种宣泄途径

在社会发展的今天，人们的生活、工作节奏越来越快，压力也随之增加，很多人不仅要面对繁重的工作，还要面对家庭，每天都是忙忙碌碌，心里难免会有不少牢骚。如果一味地压抑自己的情绪，往往会造成身体上的危害。

发牢骚常被认为是一种不好的习惯。但国外心理学研究证明，时常谈论自己的烦恼及发点牢骚反而有助于情绪稳定。时常发点牢骚可以将平时积压在心中的不好情绪都发泄出来。但研究者认为，好发牢骚者也应该注意把握度，还需要找到一个懂你并且能够倾听你的抱怨的人，否则只会让对方反感。

因此，在我们感到压抑或者心情不舒畅的时候，可以适当发牢骚，缓解焦虑的情绪。只用简单的操作就能获得快乐，何乐而不为？

小明刚刚大学毕业就找了一份待遇很好的工作。不仅如此，他还在很短的时间内就受到了领导的赏识。他身边的朋友都很羡慕他。

可他却好像永远也不满足，隔三差五就爱发点牢骚，比如有时怪客户太难缠了，有时怨工作太累了，有时说领导太难相处了，有时又嫌工资太少了……事实上，不管多难缠的客户也被他搞定了，不管工作多累，他每天还是高兴地去工作，难相处的领导也对他评价很高，工资也并不少。起先他的朋友不太理解他表达的意思，就劝他别去上班了，重新找一个合适的工作。可是小明却笑着告诉朋友，自己发发牢骚也是一种减压的方式，将积压在自己心中的不良情绪都发泄出来，不至于产生抑郁情绪。朋友听后也觉得很有道理，自此以后，每当小明发牢骚时，他都会耐心地倾听，但不发表任何意见。

小明正是懂得发牢骚的积极意义。科学研究也表明，发牢骚有益身心健康。

心理学家指出，发牢骚能够让人将心里的不快倾诉出来，有助于缓解压力、沟通感情。当然，会发牢骚的人也要注意，发牢骚不可毫无限度，否则只会弄巧成拙。当然，发牢骚也有许多需要注意的地方。概括起来，须注意以下几个问题：

1. 发牢骚要对准目标

发牢骚要找准目标，不要牵连无辜。不然就犯了“打击一大片”“无谓树敌”的错误。

2. 抱怨话不能重复

如果你已经向对方表达过自己的不满，而对方也已经接纳了你的意见，你就不要总是旧事重提。若重复提起的话，只会引起对方的反感，最后适得其反。

3. 不会称赞的人慎发牢骚

如果你不会夸赞对方，那么也很难让对方接受你的批评和指责。若你一味地只知道指责他人，别人就会记住你的这一特点，以为你只会抱怨，不会称赞他人。所以，你想要偶尔地发牢骚，平常就应该多夸奖他人，你也要对他人倾听你的牢骚表示感谢。

4. 抱怨不能用体态语

与其用自己的体态语表达出自己的不满，不如痛快地说出来。虽然面部表情有时也能让对方感觉到自己的情绪，但谁都不喜欢通过别人的叹息或者满脸不悦来察觉自己的错误。况且，有的人还无法察觉到对方体态语背后所隐含的真实含义。

发牢骚是缓解精神疲劳的一种方式。如果不把它发泄出去，它就会不断积累，最终影响我们的身心健康。不如趁着那些消极情绪还未对我们产生影响的时候，将它们发泄出来。

自言自语也是一种解压方式

现代心理学家发现自言自语是一种健康的缓解精神压力的方法之一。一个人可以倾诉的对象有很多，如朋友、家人、同学。若身边没有可倾诉的对象，你可以试着自言自语，既不用担心自己的秘密泄露出去，也能很好地缓解消极情绪的影响。

王丹是一个高二的学生。她觉得自己越来越“不正常”，如上课期间，王丹会幻想老师让她上去解题，她会如何解答这个问题。让王丹觉得更糟糕的是，她有好几次都无意识地将自己幻想情景里的对话说了出来，她觉得要是被别人听到一定会很尴尬。

而自言自语这个习惯已经伴随王丹很多年了。在她还在上初中的时候，每当别人指责她，而她又不知道如何应对时，便将这些事情都牢牢地记在心中。王丹一直试图寻找“如何面对他人的指责”的方法。而她幻想的情景中的表情和对话，很容易就会流露出来，好像真实发生过一样。所以，为了不被同学发现她自言自语的习惯，她总是一个人走。她特别害怕在人前一不小心将自己幻想的话说出来而被对方听到，怕大家彻底孤立她。有时候，她怀疑自己是不是心理上有什么问题。

自言自语并不是一个不良的生活习惯。恰恰相反，自言自语是一种自我调节、缓解心理压力的方式。在心情不好的时候，很多人都选择用自言自语的方式将心中的苦楚说出来。当人们苦于被消极情绪折磨而又一时找不到倾诉对象时候，出于人类自我保护的本能，便会试图通过自言自语的方式将自己心中的情绪表达出来，使自己的心理达到平衡。也就是说，当人们受到外界因素刺激时，用自言自语的方式来缓解内心的压力，是一种积极的心理调节方法。当无法向别人倾诉的时候，你不妨试试自言自语，让自己重新找回快乐。

心理学家认为，自言自语的作用体现在很多方面。

1. 保持镇静

自言自语有一种令人恢复镇定的神奇作用，有一种人际交往的效应：自己对自己说话，有助于保持大脑冷静，调整思绪，尤其是在紧张、劳累时。

2. 调节情绪

自言自语也是有效地发泄情绪的方法。若任伤心、失望、抑郁等消极情绪积压在心中成为沉重的负担，我们生活中的快乐和幸福会被逐渐消磨。而自言自语能将消极情绪及时发泄出来，有助于我们重新找回幸福、快乐。

3. 改善睡眠

冥思苦想和各种不良情绪可能导致我们的睡眠质量下降，

而自言自语则能改善这一状况。自言自语能减轻消极情绪对我们产生的影响，从而改善睡眠的质量。

4. 自我暗示

自言自语还相当于一种自我承诺，其原理有些类似自我暗示。当我们情绪不佳的时候，若能站在镜子前对自己微笑一下，或许心情会好起来。因此，当我们失意时，多对自己说一些激励性的、积极的话语，我们的大脑就会接收这一信息，从而利于心理健康。除此之外，自言自语是一种个人行为，不会耽误他人的时间，也不会将自己的消极情绪传染给他人，更不会泄漏自己内心的真实情感或者小秘密。

在日常生活中，总有人认为自言自语是一件很难理解的事情。其实，自言自语并不是坏习惯，也不是心理疾病的一种表现。自言自语有利于人们的身心健康，能让内心获得片刻的宁静，让受伤的心灵获得慰藉。

生闷气是不爱惜自己的表现

所罗门说：“不轻易发怒，胜于勇士。”然而，在现实生活中，许多人在生气时闷声不响，不想发泄愤怒情绪，总是爱生闷气，虽然，这样的人不轻易发怒，但是，却不是真正的勇士。喜欢生闷气的人，常常把那些毫无理由的怨恨留在自己的心里，深陷其中而无法自拔。那么，这不等于是自我折磨吗？其实，生闷气，并不是由于生活中遇到不幸、不如意的事情，更多时候是人的主观内在因素造成的。我们会发现，那些性格内向的人往往爱生闷气，他们在遇到不顺心的事情时，不愿意去诉说、发泄，使那些不愉快的情绪郁积在心中，常常感觉到苦闷、焦虑。事实上，闷气的症结在于内心的不快没能得到及时的发泄，因此，学会善待自己，合理调整自己的情绪，千万不要让闷气郁积在心底却口难开。

何谓闷气？它是由于心中郁闷，而憋在心里的气，是一种无奈、没办法的表现。古人曰："百病之生于气也。"常言道"怒伤肝，忧伤肺"，那些郁积在心中的不愉快情绪使内脏活动紊乱、内分泌系统失常、胃口不佳、消化不良，而且，长时间的烦闷还会导致血压升高，甚至导致冠心病。另外，从心理学上说，生闷气是一种不愉快的情感体验，它是一种消极的，甚至会破坏正常心理状态的情绪反应。一个人若是情绪恶劣，其记忆力将会减退，思维能力也大受影响。同时，喜欢生闷气还会影响到我们的正常人际交往。试想，一个人总是闷闷不乐，怎么会交到朋友呢？

王女士在一家外企公司工作，经过几年的打拼，她现在担任了公司的重要职务。前不久公司部门来了一位年轻的同事小娜，小娜浑身洋溢着活力和干劲，并在很短的时间内就得到了公司上下的肯定。王女士逐渐感觉小娜的到来对自己造成了严重威胁，似乎老板总是有意无意地在王女士面前提到小娜的能力，这让王女士的心情一度低落，同时心里还憋着一肚子闷气。在这样的情绪状态下，王女士整天不能全身心投入工作，有时候，由于心理焦虑过度，还会在工作中犯些小错误。

后来，王女士的身体状况也出现了问题。在最近的一段时间里，王女士总感觉自己的右侧乳房胀痛，前两天用手一摸还有肿块。在医院，医生为王女士做了相关检查，经过检查得知，原来自己是患了乳腺小叶增生。王女士感到十分苦闷，那些不顺心的事情总是找上门。无奈之下，王女士向主治医生倾诉了自己的烦恼，没想到，医生只是奉劝一句："首先你不要生闷气，这样对你的疾病才会有帮助。"

王女士百思不得其解，这病怎么会跟生气有关呢？医生对此做了详细解释："其实，引起这种疾病的原因很多，但主要是与内分泌失调或情绪状态有密切关系，其中，一个重要的因素就是情绪不稳定、精神紧张、喜欢生闷气。当你的情绪总是处于怒、愁、忧等不良状态时，就会导致乳腺小叶增生。”王女士明白了，向医生询问：“可是，我该怎么办呢？”医生建议：“保持心情舒畅、乐观是最好的办法。你要学会自我调节、缓解心理压力，消除各种不良情绪，要学会宣泄，不要将闷气郁积在心里，可以向家人、朋友倾诉，以排解心理压力。”

有时候，我们根本没有想过身体的疾病会与心中的闷气有关，事实上，郁积在心中的闷气常常会成为我们身体疾病的根源。喜欢生闷气的人时常会感到孤单，心里好像压了一块沉重的大石头，压得他们喘不过气来。越是生闷气，石头就变得越坚硬，无论如何也无法让它消失，它堵在心里，憋得人都快发疯了。现代社会竞争激烈，工作和生活压力都比较大，严重时可能会影响家庭关系、同事关系、朋友关系，如果我们不能妥善处理这些矛盾，那些心中的闷气还会影响正常的生活和工作。

憋在心里的气，就像一朵要盛开的花，却在还是花苞时被活生生地摘下。在生活中，什么事情都憋在心里，不愿意去说，也不愿意去闹，越积越多，最后，只有等待“原子弹”爆发的那一天。有人说：“心中藏了太多事情的人，总是痛苦的。”善待自己，调整情绪，将心中的闷气发泄出来，这样，我们才有可能回归正常的生活。

生闷气是一个很不好的习惯，生闷气就是自己和自己过不去。那些真正的勇者，他们在生气时懂得自我调节、自我解脱。

学会倾诉，排遣心中的坏情绪

在生活中，我们每天都面对着各种压力、烦恼、挫折、不顺，而一些负面情绪也伴随而生。有些人只是一味地将这些情绪压抑在心中，当心中积压的消极情绪超过了所能承受的极限时，便很容易引发一系列的心理疾病。

其实只压抑自己的情绪并不是解决问题的办法，不如学会倾诉自己的情绪，将心中的闷气和愁绪都说出来，那么原本积压在内心的消极情绪也就消除了。每个人在伤心、不快的时候，都需要一个倾诉的对象。倾诉，不只是诉说自己烦恼的过程，也是朋友间沟通感情、增进情谊的过程。同时，在倾诉的过程中，那些消极的情绪也就烟消云散了。

曾经有人这样说过，当你将痛苦向他人倾诉时，你的痛苦就少了一半。尽管只是简单地倾诉出自己心中的情绪，但其带来的影响却是深远的。倾诉是一种十分简单、有效的发泄方式。通过倾诉，我们的心灵得到净化，情绪有了发泄口，从而能够以更加积极、乐观的心态去迎接未来的各种挑战。并且人们通过倾诉发泄自己内心的情绪，不会危害到他人。

向朋友倾诉，具有以下几点操作诀窍：

1. 注意选择

对于倾诉的地点和场合都要有所选择，不然只会让事情更加糟糕。曾有专家建议：“无论是朋友，还是亲人，你都可以依赖。但是，你必须找到在你压力大时，真正能帮助你的人。”若你选择的倾诉对象的抗压能力不如你，那么只会增添你的烦恼，甚至对方的情绪也会被你影响。所以，倾诉的对象也要有所选择。

2. 多交几个知心朋友

每个人都需要朋友，更需要知心朋友。这样当你遇到快乐或者难过的事情，就都有可以倾诉的对象。若你没有知心的朋友，没有可以倾诉的人，何不平时多交几个知心朋友呢？快乐，可以和朋友分享；痛苦，也可以和朋友倾诉。

人生在世，遇到不顺的事情，人们难免产生苦闷和烦恼。这些不良的情绪若长期积压在心中，就会成为内心沉重的负担，严重威胁人们的身心健康。英国一位心理学家认为，郁积在心中的烦闷忧郁就像一种势能，若不及时加以释放，就会像定时炸弹一样，一旦触发即酿成大祸。所以，我们需要做的就是学会调节自己的情绪。

第04章

心宽一点，别让坏情绪失控毁了你

及时疏导，将负面情绪放出去

有人说："人的一生就是一部同消极情绪做斗争的历史。"这句话似乎有点夸张，但是，如果你仔细一想会发现，这话有一定的道理。从另外一个方面说明，克服内心的消极情绪对我们的人生具有重要意义。当然，如果我们总是容易生气，任由负面情绪不断膨胀，那么，本来应该成功的我们也有可能会发挥失常，这是相辅相成的道理。

可能，对于大多数足球迷来说，2006年的足球世界杯并不陌生。当时，法国与意大利队进行决赛。在加赛的最后10分钟，由于受到对手的挑衅，法国著名球星齐达内突然情绪失控，用自己的身体冲撞对方的球员，因此，他得到了一张红牌，让自己的足球生涯画上了句号，还导致了法国队的失败。对于我们来说，负面情绪对于成功是一个致命的阻碍，尤其当我们即将获得成功的时候，我们会在负面情绪的影响下发挥失常。所以，任何时候，我们都应该及时疏导自己的情绪，消除负面情绪，这样我们才有可能赢得最后的成功。

1965年9月7日，在美国纽约举行了世界台球冠军争夺赛。当时，闻名世界的台球选手路易斯·福克斯十分得意，胸有成竹，由于自己的成绩遥遥领先于其他选手，他认为只要正常发挥，自己便可登上冠军的宝座。

谁料，就在路易斯·福克斯准备全力以赴拿下冠军的时候，却发生了一件令他意想不到的小事：一只苍蝇落在了主球上。刚开始，路易斯并没有在意，他只是挥手赶走了苍蝇，然后就俯身准备击球。可是，当路易斯的目光落到了主球上的时候，他发现那只可恶的苍蝇又停留在了主球上，路易斯皱着眉头赶走了苍蝇。这时，细心的观众发现了这一情况，不时发出阵阵笑声，大家都饶有兴趣地看着路易斯的一举一动，路易斯摇了摇头，再次俯身准备击球的时候，那只苍蝇好像故意与他作对似的，它又落在了主球上。

就这样，路易斯与那只苍蝇一直周旋着，观众的笑声一浪接着一浪，似乎并不是在观看台球比赛，而是在看滑稽表演。此时，路易斯的情绪显然恶劣到了极点，当那只苍蝇再次落在主球上的时候，路易斯终于失去了理智和冷静，他气得用球杆去击打苍蝇，却一不小心碰到了主球，对此，裁判判他击球，路易斯因此失去了一轮的机会。

在这场比赛中，约翰·迪瑞是路易斯的对手，本来约翰认为自己已经注定失败，但是，见到路易斯被判击球，约翰不禁信心大增，连连过关。而在台球桌的另一边，路易斯在愤怒情绪的驱使下，连连失利，最后，约翰获得了世界冠军，路易斯失败了。

不过是一只小小的苍蝇，却击败了一个世界冠军，在愤怒情绪驱使下，路易斯发挥失常，最终与成功失之交臂。我们在扼腕叹息的同时，不仅为此感到震惊。这就是愤怒情绪所积压成“气团”的力量，它可以将我们阻拦在成功大门之外。

1. 别让负面情绪干扰内心的宁静

生气就像一只乱飞的苍蝇，让我们内心失去原有的宁静，我们有可能会因此对问题的判断失准，从而做出一些难以挽回的举动。所以，在生气的时候，要慎重考虑，否则会带来麻烦，甚至会导致整个计划的失败。

2. 警惕负面情绪引起的连锁效应

每天，只要生活在这个世界，我们就会面对许多情绪，情绪似乎主宰了我们的一切，有人这样说道：“一切争吵都是从情绪开始的，一切纷争都来源于情绪。”其中，生气往往会引起强烈的反应，郁积成“膨胀”的负面情绪，甚至，有可能产生连锁反应，最后导致“火山”爆发。

3. 叫停、想一想、再去做

在距离成功很近的时候，生气了该怎么办呢？最好的办法就是让生气的情绪停下来，让负面情绪消失，以一种平和的心态追逐成功。如何克制内心的愤怒情绪？对此，心理专家向我们支招：“叫停、想一想、再去做，这三个步骤，是避免陷入怒火的最好方法。”

心宽一点，小事不要生气

有句话说的好，“生气是拿别人的错误惩罚自己”。是啊，做错事是别人的问题，生气伤害的是自己的身子，如果把自己气坏了，把自己气得心烦意乱，对别人又有什么损失？损失的只是自己而已，想想这又何必呢？“别跟自己过不去”，这是一句平凡得不能再平凡的话，当自己静下心来仔细想想时，就会发现，平凡的话中饱含了真理。生活在愉悦与烦恼同在的世界中，“跟自己过不去”，只能是既伤神又伤心，既费时又费力。所以说，心宽一点，心情才好一点，为了自己，千万不要动不动就生气。

一个能够控制自己情绪，做到尽量不为小事生气的人是聪明人。聪明人的聪明之处，是善于利用理智，将情绪引入正确的表现“管道”，使自己按理智的原则控制情绪，用理智驾驭情感。

研究表明，动辄生气的人很难健康、长寿，很多人其实是“气死的”。由此可知，一个人大发脾气或生闷气时，在生理上会产生一系列变化和反应，致使人体各部分受到损伤，甚至危及生命。这样的人脸上当然也不会有什么好气色，更不用说变成一个气质出众的人了。

生气的危害超乎我们的想象，为了身体健康，为了保持良好的情绪，为了周围环境的和谐，大家还是学会宽心为妙。

1. 寻找方法，积极面对问题

就像一句话说的：别人生气我不气，气出病来无人替。这也就告诉我们，面对人世间的不公平，面对自身的不足，面对错误的事情，只有积极乐观地面对，才可能真正做到心如止水，找到正确的解决办法。所以说，遇到问题，如何解决是关键，一味生闷气没有什么用处。

2. 与其生气，不如增强自己志气

生气是一种态度，长志气也是一种态度，关键看你如何选择。选择了前者，可能会让你心情更糟，而选择了后者，则有助于增强你奋斗的动力，促使你早日取得成功。所以，生别人的气，不如长自己的志气。

3. 懂得宽容，才不会经常生气

我们的生活需要宽容，我们要学会“宽以待人”。生活中，我们应该与人为善，严于律己，宽以待人，这样才能与他人和睦相处。不要总是抱怨他人、指责他人，要知道“当你伸出两只手指去谴责别人时，余下的三只手指恰恰是对着自己的”。

烦恼一旦生根，就会生长，最初一丁点小问题，越想越觉得严重，越想越不顺心。于是人就烦躁起来，开始为每一点小事而怒气冲冲，总觉得世界上所有人所有事都联合起来触自己霉头，惹自己生气，却没想过同样的世界，为何有人活得津津有味，自己却总是愁眉不展。

找到坏情绪的源头并彻底消灭它

现代社会生活节奏加快，生存竞争加剧了人们的心理负担。时有发生的负面情绪如果不能及时排解，就会令个体心理压力加重，最终引发身心疾病。为了避免和减少这些致病因素对人体的影响，控制情绪成为这一切的重要前提。但是，想要控制情绪就必须先了解情绪发生的原因，找到坏情绪的源头才能找出解决的办法。

梁雨是个职场精英，凡事要求尽善尽美，她知道人们很容易因为工作忙碌而忽略家庭，所以不管上班有多累，她都会把家庭照顾好。每天早上六点多起床为老公和儿子准备早餐，吃过早餐后，把餐具收拾妥当，简单打扫一下房间，之后送儿子上学，看着儿子进校园，自己再去公司。忙碌了一天，下班接儿子放学，回家做晚餐，做家务，陪儿子写作业。平时工作比较忙，加班是经常的事，好不容易有一天能休息，还要应付没完没了的脏衣服，送儿子去学英语和小提琴。

这种没停歇的日子让梁雨很疲倦，原本性情温和的她如今性子越来越急，稍有一点不顺心就要炸毛。在公司与同事起冲突，回到家与老公冷战，仿佛生活中再也没有了快乐。周末去商场给儿子买衣服，路过一间咖啡厅，透过落地玻璃窗，梁雨看见靠窗而坐的几个女人正在谈话，她们都和自己的年龄差不多，脸上却洋溢着青春的神采，那种优雅和恬淡的笑容让梁雨羡慕不已。

看到这一切，梁雨明白，自己繁杂的生活和工作已然让自己丢失了本该拥有的属于自己的休憩空间，这一切所带来的疲惫让自己陷入坏情绪的泥沼。痛定思痛，梁雨决定做出彻底改变。回家后，梁雨跟老公拟订了一个协议：夫妻轮流“执政”，就是说，这周是梁雨操持家务，下周就轮到老公管理这个家，休息日可以自主支配。这回梁雨的时间充裕起来，虽然一开始看到老公做家务笨手笨脚的也想插手管管，但她还是忍住了。就体现一回“民主”吧，她心想。

休息日，梁雨喜欢听着音乐读一本书，或者驾车到郊外呼吸新鲜空气，在大自然中领略不同以往的惬意和舒适。她发现，生活是那么美好，自己从前没有感受到喜悦，有的只是压力，这一切就是因为自己一直埋头于生活而忘了生活本该的样子，让琐碎的事情蒙住了向往美好的眼睛。

过了一段时间，梁雨发现自己身上的变化，整个人轻松了很多，公司的同事都说她越来越年轻了，老公也夸她仿佛回到了二十多岁的时候，儿子更是自豪地说自己有个漂亮妈妈。现在的梁雨是同事眼中的女强人，是老公眼中的完美妻子，是儿子眼中的优秀母亲，这一切都让梁雨开心和骄傲。

朋友们，谁都有疲惫的时候，谁也都有莫名的心烦意乱的时候，这时候大家是怎么做的呢？是对这种情绪听之任之，还是积极应对呢？不理不睬只会让自己变得越发消极，我们应该做的就是找出坏情绪的根源，把问题解决，只有这样，我们才能让情绪保持在积极的状态下，让身心更为健康。

1. 深入了解自己的情绪

如果希望情绪帮助我们获得幸福和成功，就应该认真地审视一下自己的情绪特点，看看它是积极的、正面的，还是消极的、负面的。如果我们的情绪趋向正面乐观，就可以继续发扬光大。如果自己是一位情绪悲观的人，可要注意及时进行情绪的调节工作。

2. 不断地进行自我反思

当一段时间总是心情不好的时候，我们要在安静的时候反思一下自己，问问自己到底是怎么了，为何如此消极倦怠，想想这段时间以来发生了什么事，这些事该如何处理，把能解决的事情迅速解决。这样，把矛盾处理掉了，我们的心情就会慢慢好起来。

3. 努力让自己保持好心情

我们左右不了什么时候刮风、什么时候下雨，但我们可以左右自己的心情。快乐不仅可以让我们心情舒畅，还可以促进身体发育，使身体强健。所以，我们每天都应该带着快乐出发，让快乐奏响人生的每一个节拍。

如果你觉得自己近段时间的心情比较失衡，此时你就应该反思一下自己了，“最近我这是怎么了？我为什么心情不好？我需要做些什么来调整自身情绪呢？”如果察觉到情绪处于不良状态的时候，就要尽量把注意力转移到其他事情上来，比如说外出散心、与三五好友小聚等。

压力越大，情绪越容易失控

一位公司白领这样说：“最近工作压力大，感觉自己脾气也越来越大，老想发火，尤其是每天回家坐地铁，十分拥挤，每次都会与站在身边的人发生冲突，我也不想这样，但是，那些怒气就是忍不住往外窜。”在日常生活中，我们常常发现一些容易生气的人，从表面上看，他们似乎并没有共同点，但是，如果仔细观察，我们就会发现，在他们身上有一个显著的特点：压力比较大。无论是生存压力，还是工作压力，对一个人的情绪都有着重要影响，一旦压力来袭，情绪就会恶劣，容易生气、烦躁，似乎看什么事情都不顺眼，内心的情绪积压过久，总想痛快地发泄一番。因此，那些给自己压力越多的人，他们心中的怨气往往越多。

小月代表公司接待了一个大客户，第一次见面会谈，小月就感觉这个客户太挑剔，不仅要求策划案完全按照他们的思路进行，而且严格要求了每一个细节。回到公司，小月忍不住向老板抱怨：“这个客户太挑剔了，一个企划案竟有那么多要求。”老板收起了满面笑容，板着脸说：“小月，你总是嫌这个客户不行，那个客户不行，这怎么能谈成业务？这一次，你务必拿下这个大客户，否则，你就直接到销售部报到吧。”说完，老板就头也不回地走了，剩下满脸苦恼的小月。

按照客户的要求，小月拟写了企划案，而且亲自检查了三遍，然后再交给客户。谁料，在会谈中，客户表示：“这里还有几个小问题，你需要改改，为了美观，你最好重新写一份。”小月呆住了，之前自己可是花了一个星期才写出一份，客户似乎看出了小月的心思：“不好意思，不过，我们可以宽限时间，再等你一个星期。”告别了客户，小月几乎是一路发飙回来的。遇到一个出租车司机，因为司机没有听清楚小月报的地址，小月十分生气：“你的耳朵干什么用的？我今天真是倒霉，遇到你这样一个傻司机。”司机没有吱声，似乎对这样的乘客已经习惯了。就连进入公司大楼前，那个保安多看了小月一眼，小月也毫不客气地说：“看什么看，不认识啊。”小月感到心中有个东西在不断膨胀，眼看就快要爆炸了。

小月的状况并非个案。每天，我们都面临诸多压力，有可能是事业不顺而造成的工作压力，有可能是感情不顺而造成的感情压力，还有可能是家庭不和谐而造成的家庭压力，对此，心理学家把这些压力都统称为“社会压力”。社会压力会直接转换成心理压力、思想负担，久而久之，就会成为心结。如果这种压力长久以来得不到有效释放，就会越积越多，并产生出巨大的能量，最终，它就像一座火山一样爆发出来，导致的结果是，我们的情绪大变，总感觉自己活得太累，每天都不开心，脾气越来越坏，甚至，有严重者精神崩溃，做出“傻事”。面对过大压力，最重要的是自我调节、自我释放，当然，合理而适度的压力，不但不是一件坏事，反而是一件好事。

对于我们来说，应该像高压锅一样，当压力不够时就聚集压力，让压力变成动力；当压力过高时，就自动释放压力，这样压力就不会对我们造成伤害。那么，如何来缓解压力呢?

1. 养成良好的作息习惯，营造良好的睡眠环境

在日常生活中，我们需要养成按时入睡和起床的良好习惯，稳定的睡眠可以减轻大脑的疲劳。注意调节卧室里的温度，睡眠环境的温度要适中。在卧室内可以使用一些温和的色彩搭配。这样，我们在一个良好的环境中自然能够放松心情，顺利进入睡眠，并保证良好的睡眠质量。

2. 放松精神，舒缓压力

我们需要缓解自身的压力，比如，可以在睡觉前播放一些轻柔的乐曲，在入睡前按摩头部、面部、耳后、脖子等部位，这样可以使身心都放松下来，舒缓白天的社会压力。

3. 给自己的压力要适当

心理学家建议：适当的压力有助于我们激发更强的斗

志。但是，正如任何事情都有一定的度，压力过大就会影响正常的情绪。因此，在日常生活中，我们要给自己适当的压力，只要不是太糟糕的事情，我们就应该学会忘记，这样一来，那些琐碎的小事就影响不到我们了。

坏心情不能闷在心里，不利身体健康

人们在情绪压抑时，身体会产生某些对人体有害的生物活性物质。哭泣时，这些有害的活性物质便会随着泪液排出体外，从而有效地降低有害物质的浓度，缓解紧张情绪。有研究表明，人在哭泣时，其情绪强度大约会降低40%。这也是哭后比哭前心情要好许多的原因。

自从林丽被诊断为癌症住院后，原先活泼的她就变得沉闷不语了。邻床的一个大姐天天见她背着身睡在床上，眼睛红红的也不说话，就特意走过去安慰她。

其实林丽很想大哭一场，因为她觉得世界太不公平了，自己还这么年轻，怎么就这么不幸呢？可是父母已经很伤心了，自己不忍心在他们面前哭出来，怕父母多心，于是就一直憋着。

大姐到底是过来人，看见她这个样子，就试着开导她说："林丽啊，你看我在这里已经有一年多了，只有儿子偶尔来看看我，我看你丈夫天天跑得挺勤的。其实，你要是有什么难受的，不用憋在心里，哭出来就会好些的。"林丽听到大姐这么讲了之后，"哇"地一声便哭了出来。哭过之后，原先郁郁寡欢的林丽不见了，她开始和大姐谈论起自己的病来。后来经过大姐的细心开导，林丽也逐渐变得精神起来，和刚住院的时候完全判若两人，并且还积极地配合用药治疗，因为是初发症状，所以癌症也得到了控制，不久就顺利出院了。

面对压力，很多人爱面子，不喜欢说出来，于是一直憋在心里，长期下来就变得性情烦闷或萎靡，于是精神及生理疾病就排山倒海般袭来。朋友们，如果实在难受、疲惫，那就哭一场吧，相信会让你舒坦一些的。流过泪的眼睛更明亮，流过血的心灵更坚强。当然，我们不能一味地沉浸在眼泪中，否则，成功和微笑永远不会到来。让悲伤随眼泪而去，我们要做的则是静下心来研究对策，解决问题。未来的好日子是要靠争取才能得来的。

1. 对"哭"有一个正确的认知

中华民族的传统文化中，对"哭"有着偏执的误解，尤其是对男性，一个大老爷们哭哭啼啼会被看作是懦弱、卑怯的表现，从而深受负面评价，所以男人不爱哭、不敢哭，越是悲痛，越是逞强，可能会吸烟酗酒，诉诸暴力，却不肯表露最原始、最简单的需求。

2. 不要持续长时间哭

哭一般不宜超过15分钟。悲伤的心情得到发泄、缓解后就不能再哭，否则对身体有害。因为人的胃肠机能对情绪极为敏感，忧愁悲伤或哭泣时间过长，胃的运动就会减慢，胃液分泌减少，酸度下降，从而影响食欲，甚至引起各种胃部疾病。

3. 哭完之后要重新审视自己的情绪

想哭，就哭出来。哭完之后，记得告诉自己，其实没有什么大不了的，最坏也就是从头再来，然后冷静下来，勇敢地面对问题，冷静思考，睿智处理。用哭泣的方式减压，能让你在尽情释放情绪之后，冷静下来，直面人生。

真情流露有什么不好呢？我们都是普通人，都需要释放和表达自己的情感。如果你开心，那就笑出来，如果你难过，那就喊一喊，没什么大不了，总比积郁出病痛好得多。明明很高兴还故意表现得很平静，明明很痛苦还强颜欢笑，那不是悟道，而是压抑。

第05章

控制愤怒，愤怒是毁掉美好生活的杀手

控制好情绪，不要轻易动怒

生活中，愤怒的情绪像极了一味毒药，让我们处在消极的情绪中，甚至失去理智，做出不明智的决定，影响我们未来的生活。很多人也都知道愤怒给我们带来危害，也时常告诉自己要控制自己，少些愤怒，但是一旦遇到事情，他们还是会瞬间爆发，愤怒随时可能毁掉美好的人生。

培根曾说："愤怒，就像地雷，碰到任何东西都一同毁灭。"因此在某些情况下，我们要学会控制好自己的情绪，理智地寻求解决问题的办法，千万不能一碰到"导火线"就暴跳如雷，最终情绪失控，引发很多无可挽回的后果。多一点理智，就少一点后悔；多一丝自我控制，生活就多很多美好。

所以，在人生的旅程中，我们要学会消除愤怒。聪明的人会尽量控制自己的情绪，让自己远离愤怒。试想一下，假如遇事就愤怒，整日让自己的情绪如同火山般爆发，那么我们的人生还何谈幸福呢？

英国著名的生理学家约翰·亨特是一个脾气极其暴躁的人，稍稍一点小事就能让他暴跳如雷，由于时常处于愤怒状态中，他的身体越来越不好。约翰·亨特曾经笑称：“如果谁想杀死我，只需要激怒我就可以了！”

一次，约翰·亨特和妻子因为一些无关痛痒的小事而大吵起来。这次争吵之后，他的身体被查出患有严重的心脏病。自此以后，他的妻子与他相处都小心翼翼，生怕哪个举动或者哪一句话触动他敏感的神经令他大发脾气。

在不久后的一个学术交流会上，约翰·亨特与一位教授的观点产生了分歧，这让他怒不可遏，立刻拍案而起。随着争论的不断升级，约翰·亨特被气得当场倒地昏迷。而约翰·亨特最终因抢救无效而失去了性命。约翰·亨特正如他开玩笑所说的那样，因愤怒而死了。

暴脾气的约翰·亨特当然是个特例，但也有相关研究表明，最后失去控制、大发雷霆的人，通常都经历了连续的情绪累积过程。

愤怒就其本身的特性来说是短暂的，它来得快去得也快。对于大多数人来说，若能在最初的几分钟控制好情绪，那么愤怒的情绪也就会很快被压制下去了。但若任由愤怒情绪作祟，就可能愈演愈烈。

想要更好地控制好情绪，消除愤怒，最好能够自我控制好情绪。当你感觉自己的愤怒情绪急需要表达的时候，你可以尝试像下面这样去做：

1. 不要把问题个人化

当别人的某些行为或者话语令你不快的时候，对方很可能并没有意识到给你带来了不好的影响。也许他只是受到外界因素的影响，而想要发泄心中消极的情绪，这并不是针对你本人。

2. 不要总是指责别人

人与人相处，不要总是指责他人。一旦开始指责另外一个人，就很容易让你更加深陷消极的情绪。所以，已经过去的事情就让它随风而逝吧，不要斤斤计较，不要耿耿于怀，你就能更好地保持快乐的心情。

3. 不要总想着报复

有些人因为对方的无心之失而想要报复对方。与其将时间浪费在毫无意义的报复中，不如多做一些有意义的事情。

4. 积极寻找消除愤怒的方法

当你感觉你有愤怒情绪的时候，不应该让愤怒左右自己的想法或者行为。为了更好地消除你的愤怒情绪，你可以听听音乐、参加体育运动，和他人诉说一下心中的不满等。消除愤怒的方法有很多，你可以从中选择适合自己的，让自己的生活远离愤怒，远离坏脾气。

失去冷静、被愤怒控制是很容易的，但时时刻刻都能保持冷静却是很难的。从根本上说，保持冷静就是在愤怒左右你的情绪和行为之前有效地控制住愤怒，也就是有意识地控制好情绪不任其发展，进而影响我们的工作和生活。

控制愤怒，别让愤怒伤害到你

怒气是一种具有破坏性的情绪，也是一种最无力的情绪，生气的人只是为了自己心中痛快，而忽略身边人的感受。而当你发完脾气之后会发现，发泄心中的怒火对解决问题毫无帮助，甚至还会加速事情的恶化。

俗语说："一个愤怒的人只张开嘴巴，却闭上了眼睛。"愤怒加上情绪的煽动，会燃烧得更为炽热。盛怒之下，人会失去理智，做出伤害自己危及他人的事情。愤怒会使人赔上自己的声誉、工作、朋友及所爱的人、心情的宁静、健康，甚至失去自我。

有一个人，因为一点小事和邻居大打出手，谁也不肯让谁。正打得难舍难分的时候，一位牧师恰巧走了过来。“牧师，您来帮我们评评理吧！我那邻居做得实在太过分了！他竟然……”那个人怒气冲冲，一见到牧师就抱怨连连。

他正要大肆指责邻居的不对，就被牧师打断了。牧师说：“对不起，正巧我现在有事，要去隔壁镇子，我们明天再聊吧。”

第二天一大早，那人又愤愤不平地来了，不过，显然没有昨天那么强烈了。“今天，您一定要帮我评出个是非对错，那个人简直是……”他又开始数落起邻居的劣行。

牧师不快不慢地说：“你的怒气还是没有消除，等你心平气和后再说吧！正好我的事情还没有办完。”

一连好几天，那个人都没有来找牧师了。牧师在前往布道的路上遇到了那个人，他正在农田里忙碌着，心情显然平静了许多。牧师问道：“现在，你还需要我来评理吗？”说完，微笑地看着对方。

那个人羞愧地笑了笑，说：“我已经心平气和了！现在想来也不是什么大事，不值得生气。”

牧师仍然不快不慢地说：“这就对了，我不急于和你说这件事情，就是想给你时间消消气啊！记住，不要在气头上说话或行动。”

在工作和生活中，人与人之间难免会发生矛盾和争吵，产生怨气和怒气。时常处于这种情绪，不仅影响和谐的人际关系，还会危害我们的身心健康。

所以，无论是谁，身处何种位置，都应该充分认识到愤怒的破坏性。也许你曾经深受愤怒的伤害，但从此刻开始，你就应该学会消除愤怒，学会有效地控制自己的情绪，让消极的情绪消失于无形，这样，愤怒也就没有形成的条件了，你就能远离愤怒的伤害了。

当愤怒的情绪出现的时候，要想抑制并不是太容易。因为在抑制过程中，能量会消耗殆尽，心理也会严重受挫。要解决这个问题，最好的办法就是学会消除怒气的方法。

1. 自我控制

在发火时，我们应该有意识地控制，控制好自己的脾气，学会体谅他人，不对别人的缺点或者错误念念不忘，用宽广的胸怀去接纳他人，这对消除怒气有一定效果。

2. 远离事发地点

当你与别人发生争执的时候，双方肯定都有情绪，为了避免情况进一步恶化，最好远离事发地点，这样就能做到眼不见心不烦，怒气也就自然消除了。

3. 转移注意力

生气时，若一直想着令你生气的事情，只会越想越气愤，越来越难过。不妨试着转移自己的注意力，做一些自己感兴趣的事情，如运动、读书、画画、听音乐等，让愤怒在这些令你高兴的事情中逐渐消失。

4. 及时发泄情绪

当你有愤怒情绪，可以试着寻求发泄消极情绪的方法。可以将自己的情绪向朋友或者家人倾诉，或者在运动中释放消极情绪，或者让那些不好的情绪都在优美的音乐中消失于无形等。若不及时发泄，消极的情绪积压在内心中将会影响自己和身边人的工作和生活。

若一时找不到适合自己的方式，你还可以将令你发怒的事情、原因和经过用文字描述出来。写完之后，你会发现事情并没有想象中的那么令你气愤，甚至还有一些小小的收获，从而消除内心的怒火。

本杰明·富兰克林曾说过："如果你老是争辩、反驳，也许偶尔能获胜，但那是空洞的胜利，因为你永远得不到对方的好感。"若你无法找到消除自己怒火的方法，那么生活也就多了很多矛盾和冲突。

浇灭愤怒火焰，控制愤怒的发生

生活中，愤怒的情绪就像一味毒药，让我们的生活充满消极能量，甚至丧失理智，做出让自己悔恨终生的事情。如果不注意控制自己的情绪，任其自由发展，就很可能情绪失控，最终毁掉自己的生活。

在人生的旅途中，我们应该学会控制愤怒的情绪，聪明的人能够控制自己的情绪，让自己的生活远离愤怒。试想一下，假如一个人遇到一点小事就发脾气，那么人生还有什么快乐可言呢？

拿破仑是战场上的“常胜将军”，但他遇事总是很冲动。有一次，拿破仑得到消息，说他的外交大臣塔里兰勾结外敌密谋造反，他匆忙从西班牙赶回来，召集所有大臣开会，心想一定要当众揭穿塔里兰的真面目，要狠狠地羞辱他，让他回心转意。在会议上，拿破仑一看到塔里兰就想向他发火，恨不得用眼神将他化为灰烬，可是塔里兰却没有任何反应。这时候，拿破仑再也控制不住情绪，走近塔里兰说：“有些人希望我马上死掉！”

塔里兰的确在密谋造反，他想故意激起拿破仑的怒气，让他发火，从而失去领导者的权威，所以他没有任何异常的举动，只是用疑惑的眼神看着拿破仑。

终于，拿破仑的怒火像火山一样喷发，他冲着塔里兰大喊：“你的权力是我赋予的，你的财富也是我给的，你竟然背叛我，你这个忘恩负义的家伙，没有我你什么都不是，不过是一团狗屎，我再也不想见到你。”说完甩袖而走。这时，塔里兰一脸平静地对大臣们说：“我们伟大的皇帝今天是怎么了？他为什么对我如此暴躁，我可没有做什么对不起他的事。或许，是他心情不好才会这么失态吧。”

拿破仑一时冲动只顾发泄自己的情绪，以为自己的怒火能令塔里兰重新回到他的阵营，但是在一个注重绅士风度的国家，人们很难容忍这样的歇斯底里的行为，尤其是一个权威的领导者。拿破仑的威望因此在人们心中大跌，最后丧失了主宰大局的权力，让塔里兰的阴谋得逞。

愤怒时随意发泄会破坏人际关系，还会对身心产生不良影响。当有愤怒情绪的时候，我们该如何做呢？你可以遵循以下这几个步骤消除怒火：

1. 自我审视，找到愤怒原因

当我们有愤怒情绪的时候，应该努力让自己冷静下来，重新审视自己，找到让自己愤怒的原因。如果每次让你产生愤怒的事情或人都是同样的，那么下一次就能尽量避免这一状况，尽快走出愤怒的情绪了。

2. 换位思考，加深理解

如果有人做了让你愤怒的事情，你很可能会生气，但是若你站在对方的角度看待这件事情，你就会发现也是情有可原的。每个人都会遇到挫折或者困难，也许正经历失败，也许家里出了不好的事情，也许被工作弄得焦头烂额……明白了这些，你也就能理解对方，别人也和你一样认真、努力地活着。这么一想，你就能完全冷静下来，消除愤怒的情绪了。

3. 要用理智控制愤怒

发怒是由于个人失去了理智的控制，那么，该如何平息自己内心的愤怒呢？心理学家曾经做过这样一个实验，他们特意将写有“息怒”或“制怒”的警示词语贴在人们一眼就能看到的地方。当人们有愤怒情绪的时候，看到这些警示就会很快冷静下来。当我们被愤怒情绪影响的时候，应该学会用理智控制愤怒。

4. 学会幽默自嘲

如果你可以退一步，将人生当作一场演出，那么就可以对很多不好的事情一笑置之。幽默是对生活的调节，可以减轻我们生活或者工作的压力。当你愤怒的时候，若在你的面前放一面镜子，那面镜子中的你就是一副愤怒的面孔，何不试着用幽默自嘲的方式让自己快乐起来，让生活中的自己快乐起来呢？

愤怒是一种大众化的情绪，它的危害也是不容忽视的。这种情绪在不知不觉间摧毁我们的生活。因此，无论是在工作中还是在生活中，无论是和自己亲密的朋友还是互不相识的陌生人相处，我们都需要学会控制自己的情绪，及时消灭愤怒的火焰。

找到愤怒产生的“源头”，彻底消灭怒气

在现实生活中，我们经常会遇到一些令自己愤怒或生气的事情，这时候，一种恶劣的情绪就会从心中不断涌上来。它们如同火山下喷涌的岩浆，不断加温、加热，以至于在最后一刻爆发。但是，这样一种心理的失控会给我们的生活带来一些麻烦，火山爆发是美丽的倾泻，却使得生灵涂炭，正如暂时的发泄是一种快感，可是，当心灵回归平静之后该怎么办呢？因此，我们需要在“火山”爆发之前，找到“火源”，并将其彻底浇灭，使之不再复燃。

日常生活中，我们都懂得这样的道理：阻碍大火向四处蔓延的唯一有效方法是，彻底消灭火源。到底什么才是那大火的

引燃物？到底自己生气的根源是什么？事实上，只有我们自己最清楚，毕竟，在这个世界上，并没有无缘无故的气，它始终源于一个点。心理学家认为，一个人心中的怨气是一点点郁积起来的，或许在刚开始，我们的心情只是稍微有点不愉快，但是，如果这时候再遇到一系列令人头疼的事情，这样的情绪就会升温，“火势”开始迅速蔓延，最终所形成的结果无异于“火山爆发”。

心理学家曾经接待了一位来访者，他这样描述：那天，一位女孩走进了我的心理咨询室，刚一坐下，她就开始向我“控诉”：“前两天我正在准备一次重要的考试，可是，就在前天晚上，隔壁王阿姨带着一对双胞胎女儿来串门，我暗示王阿姨说，我明天要考试，需要安静的环境。但是，妈妈特别喜欢那对双胞胎，极力挽留王阿姨再玩一会儿，小孩子很顽皮，我本来想静下心来好好复习功课，结果她们在外面嘻嘻哈哈，我一点也看不进去，愤怒之余，内心也感到一种委屈，忍不住趴在桌上大哭了一场。这时，又想起之前种种不顺利的事情，结果越哭越伤心，几乎是整个晚上都在哭，第二天感觉晕乎乎的，只得昏昏沉沉地去考试，当然，这次考试很不理想。”

我听完了她的讲述，明白了这是怎么回事，我慢慢帮助她寻找生气的源头：“这样看来，你似乎挺喜欢生气的。从你刚才的讲述中，我可以知道，你其实有自己的房间，一开始，你就应该告诉两个孩子别闹，说这样会影响自己学习，这样就可以互不干扰了。后来，你在屋子里复习功课，其实，不知道你发现没有，真正扰乱你心绪的并不是小孩待在家里所发出的声音，而是你内心对于这件事一直耿耿于怀，由于你心里太在乎这件事情，只要意识到小孩的存在，就会感到心烦意乱，更不用说她们真正地来影响你了。”听了我的话，她点点头，说道：“嗯，我感到十分委屈，每次我遇到了重要的事情，总是被别人影响，白白浪费了我许多的时间和精力。”

看着她那痛苦而又无奈的表情，我试着用理解的口吻说道：“你不要着急，其实，你应该清楚自己为什么总是那么容易生气，主要是你以前处理问题的方式不对。每个人的生活都不可能一帆风顺，总是会遇到这样或那样的麻烦，但是，如果这些问题没有得到及时解决，往往会产生较坏的影响。时间长了，在你心中就形成了这样一种思维定势：一旦遇上问题，就会采取消极的应对方式，诸如发脾气、生闷气等，于是，生气就成了你的条件反射。其实，任何事情都是可以解决的，只要你积极地思考，遇到事情不要总是闹情绪或生气。试着平静下来，或者向值得信任的朋友倾诉一番，这样，你的心里就会豁然开朗了。”当她走出我的心理咨询室时，我清楚地看见洋溢在她脸上的笑容。

在许多人看来，发脾气似乎是一件有伤大雅的事情，于是，他们选择自己生闷气，克制自己脾气的爆发。不过，根据美国心理学家所公布的一些研究结果表明，当一个人感到气愤而发脾气的时候，如果能够及时地宣泄出去，不仅有利于自己的身体健康，而且有助于自己找到“火源”，让怒气彻底消失。

有人说：“经常生气就好像不断地感冒一样，会很严重地影响自己工作时的表现。”虽然，每个人都意识到了生气会严重地影响自己的工作，但怎奈心中怒气难消。其实，在怒火攻心的时候，我们应该静下心来仔细想想：心中的怒气从何而来？自己是否找到了破解的方法呢？对此，心理学家建议我们：破解怒气的关键是，一定要找到怒气的根源在哪里。有可能是一件微不足道的小事，有可能是恶性循环的情绪反应，后者往往是愤怒和压抑所累积的结果，所爆发出来的力量是强大而惊人的。在这样一种恶劣情绪下，即使遇到与自己并没有直接关系的事情，或许只是不喜欢某一个人的行为举止，也有可能会动怒。当然，要想找到“火源”，我们必须平静下来，这样我们才能更好地浇灭“火源”。

在通往成功的路上，许多时候，并不是我们缺少机会，或者能力不足，阻碍我们通往成功之路的最大绊脚石是“火源”，即对愤怒情绪的控制，因为生气让我们失去了理智，同时，也错过了成功的机会。

无论如何，告诉自己先冷静下来

生活中，难免会遇上各种各样的事情，遇到事情的时候可能会因冲动而做一些自己都不知道该不该做的事情，因此也就会产生许许多多的埋怨。不管遇到什么事情，冷静地让自己思考一下，哪怕只是短短的几秒钟，也许结果就完全不一样了！

小罗在某公司工作多年了，业绩都很不错，也深受领导们的赞赏，但是恰恰遇上了一件让人不开心的事情。最近小罗联系到一个客户，这客户也有点奇怪。开始的时候说先打3万元的定金，但客户打了2.7万元，其实就是扣除了手续费。然后经理找小罗谈话，说这客户怎么能这么做事，同时也提醒小罗交货的时候一定要把余款收回来。恰恰交货的时候客户说没钱，说是过两天转账。小罗心想，客户也不会因为余下的几千块钱跑了吧，就没有收货款回到公司。这下惹得经理不高兴了，问小罗为什么不把钱收回，如果收不回来又怎么办。小罗耐心地向经理解释，但是经理一句话都听不进去。小罗说如果客户第二天没给钱，他会天天打电话催的。当天事情也就过去了。

在那笔款没收回来的日子里，小罗可就没有安静的日子过了，经理一到公司就让小罗催客户的货款。三天过后客户把余款汇了过来，可小罗却觉得自己这几天饱受煎熬，因为经理每天都让他催款。所以他毅然决定辞职，心想出去后找份工作很容易。结果小罗出去后才知道并不是他自己所想的那样，心里非常后悔当初因一时冲动而离职。

可能生活中，有很多人和案例中的小罗一样，因为一时冲动，做出后悔的事。所以，我们不管在做什么都需要多一份冷静的思考。

具体说来，我们需要做到：

1. 放慢语速，调整心情

如果你在说话，你可以试着让自己的呼吸均匀下来，然后做自我暗示："放松，冷静。"如果你的情绪很激动，那么，你不妨先闭上眼睛，然后想想让自己高兴的其他事情，并尝试着站在其他人的角度审视自己的行为，慢慢地你就能冷静下来了。

2. 抑制怒火，冷静反应

当有人朝你大喊大叫或者用语言攻击你的时候，你怎么做？你是以牙还牙还是置之不理？对于这种情况，虽然你无法控制对方的行为，但可以调整自己的行为。此时，你完全可以不做出任何回应。你的反击只会激发对方的挑战情绪，只会让事情更糟糕。而对其不予理睬，对方失去了愤怒的“燃料”供应，想燃烧也难了。

一个理智的人不管遇到什么事情，不管别人如何“挑衅”，都会保持冷静的头脑，会让理智驾驭自己的情绪，体现大家风范。

生活不如意，也要用微笑代替愤怒

笑，是人们内心善良以及心态平和的一种表现，在欢笑的时候，人们会表现出愉快的表情，并且会发出开心的声音，同时，身体内的内啡肽也会增多。人们生来就具有笑的能力，它不仅关系到人们的生存，也是一种很好的健身运动。在笑的时候，从面部到腹部，大概有80块肌肉参与运动，而且，笑对人的肺功能和心脏的血液循环都有一定的促进作用。遗憾的是，科学研究证实，在孩童时代，人们每天大概笑400次，但是长大成人之后，人们每天只笑15次左右。这两个数字简直有着天壤之别，也就证实了人们长大之后为什么总是很怀念童年时代的纯真与快乐。对于身体的健康来说，欢笑的次数如此急剧下降，无疑是一种令人深感遗憾的损失。对于情绪来说，欢笑的缺失则更是一种莫大的憾事。因此，我们应该经常欢笑，因为欢笑是保持青春的美容操，是使心灵永远年轻的法宝。

长大之后，我们为什么忘记了欢笑的滋味？究其原因，是因为我们在成长的过程中渐渐地感受到了世间百态，心灵没有那么纯净，感受越来越复杂了。如果说童年时代是我们用来享受生活的，那么长大之后的我们就必须面对生活的酸甜苦辣，百般滋味。由此一来，当面对生活的不如意时，我们就会时常被怒气包围。其实，这个时候我们不如用欢笑来赶走怒气。科学家研究发现，欢笑能够有效地使人从怒气中挣脱出来，即使是强颜欢笑，也能够赶走一部分怒气。由此可见，在生气的时候，在被愤怒团团围裹的时候，我们不妨有意或者无意地找找乐子，使自己能够欢笑起来，以便脱离愤怒的魔爪。

朱莉似乎是办公室的开心果，每个人都喜欢和朱莉说话，因为她总是能把开心和快乐带给大家。即使有了什么不开心的事情，朱莉也总是能够及时地从阴霾中走出来，照样阳光灿烂。后来，大家有了什么烦心事也会和朱莉说，朱莉常常能够三言两语就使大家茅塞顿开，觉得天塌下来也有高个儿的顶着，凡事都没什么大不了的。

一次，王湾失恋了，去找朱莉哭诉。朱莉一语道破天机：“你为什么要伤心呢，你应该高兴才对啊。你想，假如等到结婚以后才认清那个负心汉的真面目，那你岂不是亏大了。现在离开他，是上帝在救你于水火之中啊！”说着，朱莉笑了起来，王湾也不由自主地破涕为笑。笑着笑着，王湾突然停下来，惊诧地说：“来找你之前我简直都不想活了，但是我被你这么逗笑之后，突然觉得一切都没什么大不了的。你为什么总是这么快乐呢？”朱莉微微一笑，说：“原因很简单，就在你眼前。”看着面前这个笑靥如花的朱莉，王湾突然间领悟到了什么，说：“朱莉，我突然发现你很爱笑啊！”“是呀，这就是我永葆年轻，天天快乐的原因。你知道吗，当伤心或者是生气的时候，我就会告诉自己笑一笑。当然，有的时候我也笑不出来，那我就强迫自己笑。我发现，即使是强迫自己笑，不是发自内心地笑，我的心情也能够得到有效的改善。后来，我就总是提醒自己笑口常开，尤其是心情不好的时候，愁眉苦脸只会雪上加霜，只有欢笑，才能驱走心中的阴霾。”

听了朱莉的话，王湾恍然大悟，她说：“原来这就是你快乐的秘密啊！看来，我以后也要多笑笑，这样才能使自己永远开心快乐！”

事例中朱莉的发现是有一定道理的，即使不是发自内心地笑，只是强颜欢笑，也能够有效地驱散我们心中的阴霾，使我们的心情变得好起来。由此可见，当生气的时候，当伤心的时候，千万不要任由自己的心情朝着恶劣的方向继续发展，而是要主动地笑一笑，这样，心情就能尽快好起来。

当然，每个人在悲伤愤怒的时候都有自己的排遣方法，有人压抑的时候喜欢去唱歌，有人伤心的时候喜欢到大自然中呼吸新鲜空气，还有人郁闷的时候喜欢运动，喜欢汗流浃背的感觉……在众多的方法中，欢笑无疑是最方便快捷、最信手拈来的方式了，当无暇进行长途旅行或者是肆意宣泄的时候，我们不妨轻扬嘴角，给自己做一个心情的美容操。

当怒气来临的时候，欢笑就是最好的止怒药。让自己笑一笑，自然能够赶走心中的阴霾和抑郁。

第06章

选择快乐，情绪好才能脾气好

积极乐观点，好运自然来

生活中，我们经常听到有些人说，“点头微笑，低头数钞票”“和气生财”“家和万事兴”之类的经验真谛，这些都充分说明了一个道理：只有时刻保持一种积极的人生态度才有获得成功的希望。我们只有在心里编辑出一道积极的心理公式，才能得出幸福的结果。因为任何人的一生，都需要自己用心来描绘，无论自己处于多么严酷的境遇之中，心头都不应为悲观的思想所萦绕，应该让自己的心灵变得通达乐观。罗根·史密斯说过这样一段话，言简意赅：“人生应该有两个目标，第一，得到自己所想的东西；第二，充分享受它。只有智者才能做到第二步。”

现实生活中，我们难免会遇到一些影响情绪的问题，但只要我们积极面对，相信自己能成功，相信自己能获得快乐，那么，我们就能获得成功，获得快乐。

所以，要想得到快乐，请记住：“每天一早想想你得意的事情，不要将注意力集中在烦恼上。”

那么，我们怎样做才能让积极的心理公式演算出幸福的结果呢？

1. 有点“阿Q”精神

人生在世，我们总会遇到一些令我们不快的事，我们要学会心理调节，这是决定人生成败的决定性因素之一。如果一个人在这一方面迷惑不解，那么，就要借助自己的理智去解决。其中，“阿Q”精神就可以让我们更好地满足于自我安慰的需要。相反，如果一个人的心态调整不好，那么乐观的人生也会离得很遥远。

2. 相信自己能得到幸福

一个人期望的多，获得的也多；期望的少，获得的也少。如果你有一个乐观积极的心态，不管自己的人生经历多大挫折，自始至终都保持一种平和的心态，你就会有幸福的生活。

积极乐观的心态是我们获得幸福生活最重要的帮手。当我们能够笑对一切、充满自信时，一切不顺遂的事都会离我们远去，在通往成功的航行中，我们已然能够看到彼岸。

心态好，心情自然也好了

生活中，我们都希望自己有个好心情，好心情是生活的甜味剂，带给你无穷的快乐。然而，我们似乎总是听到这样的声音，“我烦死了”“气死我了”“这个人真讨厌”等；也可能看到一些人虽一言不发，但神情忧郁，精神恍惚。不用问，他们准是碰上令人气愤或烦恼的事情了。其实我们每一个人都或多或少遇到过一些挫折。对此，一般人都能自觉地调整心态，较好地适应社会。但也有少数人由于持有一些不合理的信念，在遇到重大挫折时往往会一蹶不振，严重的甚至不能正常工作学习，给自己和亲戚朋友带来很多麻烦。

“其实人活的就是一种心态。心态调整好了，蹬着三轮车也可以哼小调；心态调整不好，开着宝马一样发牢骚。”这句话生动形象地说明了心态的重要性。心态就是人们对待事物的一种态度。每个人的一生都有许多欲望，都希望自己钱挣得多一点，事业顺利一点，生活过得幸福一点……问题在于人不可能事事顺心，当这些欲望不能得到满足时，我们以什么样的心态去面对。

米歇尔是个传奇式人物，46岁那年，他在一次意外火灾事故中烧得不成人形，4年后又因为一次坠机事件导致腰部以下全部瘫痪。当他醒来发现自己在医院里时，身上已被烧得体无完肤，他周围也是一大群跟他同病相怜的人，他们对自己的遭遇自怨自艾：“为什么是我？老天爷为什么如此对我？人生为什么这么不公平？成为这种样子在这社会上还能有什么作为？”然而米歇尔不像他们一样，反而向自己提出这样的问题：“我要如何重新站起来？此刻我还能比以前做更多什么事？”

更有趣的是，米歇尔在住院期间结识了一位名叫安妮的漂亮迷人的女护士，他不顾脸上的伤残和行动不便，竟然异想天开：“我怎样才能和安妮约会呢？”他的同伴都认为他实在有些神志不清，他必然会碰一鼻子灰回来。谁会想到一年半后两人竟然打得火热，后来安妮成为他的太太。

米歇尔积极的正面态度使他得以在《今天看我秀》《早安美国》节目中露脸，同时《前进杂志》《时代周刊》《纽约时报》及其他出版物也都有米歇尔的人物专访。

米歇尔为什么能创造奇迹？因为他的心态一直都是正面的、积极的，因此，即使在灾难面前，他依然拥有好心情，他看到的就是希望，于是，他最终战胜了困难。

米歇尔说：“我完全可以掌控我自己的人生之船，那是我的浮沉，我可以选择把目前的状况看成是新的一个起点。”

认知绝不是一成不变的，如果我们认为某件事对我们不利，便会把这种信息送入脑中，结果就产生不利我们的态度。如果我们主动换个视角，对于原先的那件不利的事，便会产生不同的态度。

虽然说良好的心态会给人带来更多的好运，这种说法太过绝对。但不可否认的是，当我们保持着健康积极的精神面貌时，困难便不复存在，所谓的厄运也会逃之夭夭，好运便如期而至。因此，为了应对未知的人生，我们在平时就要修炼并养成及时调整心态的习惯。

追求简单生活，知足才能常乐

我们都希望自己拥有一份好心情，拥有好心情才会拥有幸福、美满的人生。然而，在大多数人的观念里，要得到快乐，就要得到财富、地位、事业，要吃得好、穿得好、住得好，以为得到其中任何一种，便得到了人生的幸福。而实际上，快乐是简单的，只要我们有简单的心境。当你需要食物时，你拥有了食物，你就幸福；寒冷的冬天里，一盆炭火带给你的温暖就是幸福。也就是说，快乐并不是某种固定的实体，而是精神与物质的统一，更多表现在精神体验上。

然而，在现实生活中，有一些人，他们随着年龄的增长，各方面的需求也在不断增加，如找工作、买房子、结婚等。为了尽早实现一个个愿望，他们不停地奔波劳碌，在一个又一个目标前奋力冲刺，这成了某些人最习惯的生活方式。纵然实现一个小目标的成就感会让自己得到短暂的喜悦感，而第二天一起床，这种感觉就消失得无影无踪。

还有一些人，他们有房、有车，母慈子孝，按理说生活得很好，可为什么他们总是羡慕别人的生活，而感受不到自己的幸福呢？其实，幸福的本质不在于追求什么，获得什么，而在于珍惜你所拥有的一点一滴，让心懂得享受，学会满足。

德国哲学家叔本华曾说过："我们很少想到自己拥有什么，却总是想着自己还缺少什么！不要感慨你失去或是尚未得到的事物，你应该珍惜你已经拥有的一切。"

总之，如果我们在每个清晨都能清爽地醒来，我们就是幸福的人，就应对生命的赐予感恩。

人的一生可以拥有很多，也可以获得很少，这一切，都取决于我们内心的需求与期待。当我们懂得知足，懂得珍惜已经拥有的一切，不再为遥不可及的目标而焦虑、彷徨时，这样一颗感恩的心便会带领我们走进幸福的乐园。

选择快乐，你就能拥有快乐

每个人都希望自己生活得快乐。快乐不是别人给的，而是来自自己内心的感受。面对相同的一件事情，不同的人也会有不同的感受，最后的结局自然也不同。其实，人生是否快乐，主要看我们如何选择。每个人都有令自己快乐起来的能力，就看你的内心是否想让自己快乐起来。想要获得快乐其实并没有想象中那么难，若内心选择快乐，快乐就会充斥在你的生活中。

快乐不仅仅是一种心情，更是一种选择。当我们遇到困难、挫折和失败的时候，我们可以选择消沉、抑郁，也可以选择积极、乐观。其实，我们今天的选择都决定着我们未来的状态。若选择积极，我们的生活将充满阳光；若选择另一条路，则生活将充满令人悲伤的因素，工作和生活也将变得一团糟。

张先生因整日精神压力大、夜夜失眠而去医院就医，但是多项检查结果显示他的身体一切正常，并没有什么疾病。医生建议他去看心理医生。心理医生看着他愁眉不展，就问他是不是觉得很不快乐？

张先生就如同遇到知音一样，开始向心理医生诉说自己的种种烦恼。其实，他的那些烦恼都是一些鸡毛蒜皮的小事，比如和朋友发生了争吵，听见别人在背后说自己的坏话，工作不顺……他说生活是如此艰辛，自己都感觉不到快乐。

心理医生边听他说边记，等他说完，问道："我想知道，你和你太太的感情如何？"张先生脸上有了笑容，说："我们非常相爱，在结婚的12年间，几乎没有吵过架。"心理医生微笑着点点头又问："那你有孩子吗？"张先生的眼里闪出光彩说："我有一个可爱的女儿，已经7岁了，她就是我们的开心果。"后来，心理医生又问了他许多问题。

最后，心理医生把写满字的两张纸放到张先生面前。一张写着他的烦恼，一张写着令他感觉到快乐的事情。心理医生对他说："这两张纸就是治病的药方，你把苦恼事看得太重了，忽视了身边的快乐。"

若张先生选择积极的生活态度，他就不会因为心理问题而去医院看病了，必定能获得更多的快乐。有这样一句话："生活中从来不缺少美，而是缺少发现美的眼睛。"同样，生活中，若我们的内心选择快乐，那么就没有什么能阻止我们快乐起来。

泰戈尔说："我们错看了世界，却反过来说世界欺骗了我们。"我们生活的这个世界，总是有许多令我们快乐的事情，值得我们去发现，去欣赏。但生活并不是一帆风顺的，总有不好的事情发生。想要保持快乐的状态，我们该如何做呢？

1. 保持乐观的心态

华盛顿说：“一切的和谐与平衡，健康与健美，成功与幸福，都是由乐观与希望向上的心理产生与造成的。”只要你用乐观的心态去面对生活，即使身处逆境也能看到希望，不失去前进的勇气，最终取得成功。你可以将快乐传递给身边的人，痛苦也是可以传递的。若你是快乐的，你身边的人也能感受到快乐，于是越来越多的人得到幸福；而如果你将痛苦传递出去，那么他人也会获得不好的感受。何不选择保持积极、乐观的心态，让自己和身边的人都能得到更多快乐呢？

2. 换个角度看问题

想要调整自己的情绪，想要从消极情绪的阴影中走出来，就必须学会调整看待事情的角度。遇到不好的事情时，要及时抑制自己用消极的态度去看待，而是用积极的态度去面对。从不同的角度看待世界，世界也将因此变得不同。若选择用积极的态度面对一切，就能很好地调节自己的情绪了。

“塞翁失马，焉知非福。”挫折和困难是人生的必经之路，是我们成长的阶梯，是对我们的严苛考验。面对此种状况，我们应该选择积极、乐观的心态去面对，努力寻找解决问题的最佳办法。即使迎接我们的总是失败，也不要抱怨，不要悲伤，更不要就此放弃，换角度看待问题，你就会发现别样的精彩。

3. 用兴趣来调剂生活

虽然工作是生活的重要部分，但并不是生活的全部。除了工作，我们还有很多有意义的事情可以做，从自己的兴趣爱好出发，做感兴趣的事情，享受更加精彩的人生。兴趣爱好，让我们的生活愈加多姿多彩。若生活少了兴趣爱好的参与，我们的人生将变得单调。在每天繁忙的工作或者家务后，我们可以做一些自己感兴趣的事情，让积累了一天的消极情绪得到很好的宣泄，让精神得到充分放松。明天又是快乐的一天。

没有不快乐的人，只有不肯快乐的心。其实，快乐与否都是我们内心的选择，只要相信自己有足够的勇气克服各种困难，重新拾起积极的情绪，就能获得内心的快乐，享受幸福的人生。

用微笑代替愤怒，坏情绪自然消除

微笑是一个人最美好的名片。微笑是一缕阳光，只有内心阳光的人，才能感受到现实生活中的温暖，如果连自己都不对自己微笑，那生活如何美好呢?

凯瑟琳是一位职场女性，就职于一家证券公司。由于工作压力大，再加上家里也遇到了一些不好的事情，凯瑟琳时有身心疲惫的感觉，脾气也开始变得暴躁，有时会突然情绪激动想要发脾气。她每天回到家，也很少和家人笑一笑，家里的氛围变得十分微妙。在交易所里，她嗓门很大，脾气暴躁，经常和他人发生冲突。

虽然凯瑟琳也意识到这样下去不行，但她无法控制自己："也许是长久以来紧张的工作使我养成了这种习惯，任何一件事都会惹我生气。"后来，在丈夫的陪同下，她去看了心理医生。

心理医生了解了她的情况后，告诉她，要让自己冷静、平和下来，要让脸上挂着微笑，这样才能重新找回之前美好的生活，也能和谐地与他人相处。医生还教她一些微笑的技巧，并要求她时刻牢记对每一个人微笑。

在接下来的日子里，凯瑟琳牢记心理医生的建议，试着对每一个人微笑：早晨，在照镜子的时候，她对自己微笑；打招呼的时候，她对丈夫和儿子微笑；出门时，她对遇到的邻居微笑着说一声"早"；站在交易所的柜台后面，她对每一个前来咨询的客户微笑；忙碌的操作间隙，她对同事微笑。

刚开始，她觉得很不适应，但她发现自己的生活已经发生了变化，周围的人对她不再像以前那样冷漠，而是热情地帮助她。她甚至听到有人私下谈论她，说现在的她满面春风、信心十足，与以前垂头丧气、神情消极的样子大相径庭，像是变成了另外一个人。

“我觉得微笑每天都带给我许多财富。”这个曾经被认为脾气最坏的女人微笑着说，“我现在是一个快乐的人了，一个能够感受美好生活的人了。”

笑一笑，气就会消一消。很多人都在忙着寻找快乐和幸福，但是往往也会感觉快乐和幸福是很难的事情。事实上，幸福是无所不在的，而“保持高度的幽默感”是关键之一。喜剧演员“天才老爹”比尔·寇斯比曾说：“你可以把所有的痛苦都用笑声来淹没。只要你能在任何事物上面发现它们的幽默之处，那么所有的困难你都能克服了。”

1. 乐观豁达的生活态度

生气是一种非常不好的情绪，一旦爆发就会毁了所有美好的事物。生活中总有让自己烦恼的事情，如果你因此而暴跳如雷，不仅会伤害身边的人，而且会深深地伤害自己。只有学会乐观豁达地生活，做到不以物喜，不以己悲，微笑地面对一切，你才能体会到人生的幸福与快乐。

2. 微笑面对生活

常言道，态度决定一切。理想的生活是与对生活的态度联系在一起的，如果你对生活微笑，生活就会对你微笑。微笑是人生的一大法宝，不管是遇到幸福之事还是不幸之事，微笑面对将给你带来更大的勇气。

我们每天面临很多大大小小的事，事情有好有坏，有难有易，有需要我们去解决的，有需要我们学会摆脱的，也许这样的生活就像歌里唱的，生活就是一团乱麻，需要我们一点一点地去解开。解开这团乱麻需要有足够的耐心，也要有一定的毅力，然而最重要的是有必胜的信念，这是希望所在，而微笑正好能给人以力量，也给人以希望。

3. 笑一笑，发现生活的美好

俗语说得好："幸福的心灵就像良药一样易使病人康复。"把痛苦紧紧抱在怀里念念不忘，最终会使我们被痛苦淹没。把生活看得太严肃，还有什么价值呢？歌德曾经说过："如果早上醒来我们没有感受到新的喜悦，如果夜晚降临没有赋予我们对新幸福的期望，那么每天的睡觉和醒来还有什么价值呢？今天的阳光照耀在我身上，我们应该去认真地感受生活。"

快乐是生活的基调，是人生中的主色调。快乐者，即使处于人生的低谷，仍对生活充满希望。快乐者，是耀眼的光，既照亮自己，又温暖别人。

生活中，每个人都会遇到一些不好的事情，但是这些并不是我们生气的理由，我们也更加没有必要拿生气来惩罚自己。如果是这样的话，我们就会有更多的损失和伤害。所以，不妨学着对自己微笑，你就会发现，生活是如此美好。

人活一世，不可能一帆风顺，总会遇到一些让我们感到既烦恼又生气的事情。有的人会情绪低落，生闷气，其实这是一种愚蠢的行为。此时，我们需要保持微笑，只要懂得微笑，那么气自然会消，就一定能够找到属于自己的快乐。要时刻牢记，“微笑”这个简单的动作，就是赢得快乐的捷径。

顾虑太多，不如顺其自然

生活中，我们经常要面临两难的抉择，尤其是现在这个信息多而乱的社会中，做出正确的抉择更不是一件易事，需要我们有出色的判断能力。然而，一些人在做出决定后，又因为害怕失败和失去，而左右迟疑，当断不断，不愿实施，给自己带来很多困扰。那么，你不妨随“心”所欲些，把一切都交给自己的心决定，这样，你便能获得快乐，获得好情绪。

一位知名建筑设计师受邀参与某旅游城市的城市休闲公园建设，他先设计好了所有建筑群，竣工后，当被施工团队讨要连接建筑间的小道设计图时，设计师说：“不急，不急，先都种上草吧。”春风吹过，夏日晒过，在楼间的草地上踩出了许多小道，优雅自然。秋天到了，建筑设计师告知施工团队沿着这些踩出来的痕迹铺设人行道。

人生旅途中，我们做人行事若能少些顾虑、不先入为主、一意孤行，而是像这位建筑师一样顺其自然、利用自然是不是也会达到这样的效果呢？

那么，我们如何做到随“心”所欲呢？

1. 着眼于当下的工作

一群年轻人到处寻找快乐，但是，却遇到许多烦恼、忧愁和痛苦。他们向老师苏格拉底询问：“快乐到底在哪里？”

苏格拉底说：“你们还是先帮我造一条船吧！”

年轻人们暂时把寻找快乐的事儿放到一边，找来造船的工具，用了七七四十九天，锯倒了一棵又高又大的树；挖空树心，造成了一条独木船。独木船下水了，年轻人们把老师请上船，一边合力荡桨，一边齐声唱起歌来。苏格拉底问：“孩子们，你们快乐吗？”

学生齐声回答：“快乐极了！”

苏格拉底道：“快乐就是这样，它往往在你忙于做别的事情时突然来访。”

2. 承认痛苦的存在

我们强调要追随自己的内心，选择快乐，但这并不代表痛苦不存在。因此，要拥有好情绪，我们就不能过于苛求生活。

人生有烦恼，往往是因为顾虑太多。患得患失的人往往顾此失彼，从此沦入恶性循环。情绪是由心态决定的，有些时候，我们不妨暂时抛弃那些无谓的顾虑，随心而走。我们内心真正渴求的，其实很简单，很容易满足，关键看我们如何对待。

第07章

放下欲望，要的越多越无法快乐

诱惑有毒，别迷失自己

在这充满诱惑的社会，保持一颗平常心，实在不是一件易事。欲望的膨胀、意外灾难的打击、情感的跌宕……都无时无刻不缠绕着我们。

荀子说：“人生而有欲。”人生而有欲望并不等于欲望可以无度。宋学大家程颐说：“一念之欲不能制，而祸流于滔天。”古往今来，因不能控制好自己的欲望，最后无法抵御金钱、权力、美色的诱惑而失败的例子不胜枚举。这个世界到处充满诱惑，一不小心就走进它们的陷阱。只有抵御住诱惑，不迷失自我，守住心灵的防线，你才能生活得恣意、快乐。

很多人都非常羡慕在天空中自由自在飞翔的鸟儿。其实，人也应像鸟儿一样，欢呼于枝头，跳跃于林间，与清风嬉戏，与明月相伴，饮山泉，觅草虫，无拘无束，无羁无绊。这才是鸟儿的生活，也是人类应有的生活。

然而，这世界上总有一些鸟儿，因为忍受不了饥饿、干渴、孤独甚至爱情的诱惑，成了笼中鸟，永远失去了自由。与人类相比，鸟儿面对的诱惑要简单得多。而人类要面对来自红尘的种种诱惑，金钱、名利、权势等。于是，很多人便在这些诱惑中迷失了自己，跌进了欲望的深渊，把自己装进了一个个打造精致的所谓欲望的“金丝笼”里。

曾经有一位贪婪的大臣，到处欺压百姓、敛财无度，导致自己管辖内的百姓过着民不聊生的生活。偏又巧言令色，在皇帝面前表现得两袖清风。一日，皇帝微服出巡，想要考察下大臣是否真的清廉，结果映入眼帘的是卖儿卖女、无以继日的穷苦百姓。皇帝大怒，想要用大臣的贪婪来惩罚他。于是皇帝召见大臣，告知他“凡是你走过的地方，都属于你的领地”。贪婪的大臣怎能抵挡得了如此诱惑，飞奔而去，想着走远点，再走远点，走得越远自己能得到的越多，最终累死在路上。

这位大臣曾经也是志在为民的贤能之士，却因金钱、名利、权势的诱惑蒙蔽初心，变为人人唾弃的奸佞之臣，最终也因贪得无厌而丢掉性命。我们应该学会走出欲望的牢笼，尽情享受生活的美好。

1. 控制好欲望

每个人都有欲望，欲望是人生追求的动力。但若欲望过多，人们只会沉沦于无底的欲望中，被欲望所掩埋，最终迷失自己。欲望不可怕，可怕的是不懂得控制自己的欲望。只要握好心头的那把刀，就能在欲望的助力下不断成长，又不沦为欲望的奴隶，过快乐幸福的生活。

2. 学会知足

做人要懂得知足，莫追求太多。人的欲望是无穷的，但是我们无法满足自己所有的欲望，因此会变得伤心、失望，甚至大发脾气。如果我们总是为了自己的欲望不断奔波，让欲望占据了我们的生活，我们只会陷入伤心、失望等情绪的漩涡，到最后不仅越来越无法满足自己的欲望，反而会沦为欲望的奴隶。所以，无穷的欲望就像一剂毒药，无论谁拥有，谁就会失去很多。

人要知足，才会获得更多快乐，学会了知足，才能收获更多精彩。当我们学会了知足常乐，会发现，自己拥有的是那么多，生活中让我们快乐的事情是那么多。

人生在世，如果能够控制好自己的欲望，就能抵挡各种诱惑；在漫漫人生路上，如果能坚持自己，学会放弃欲望，学会知足，享受自由自在的生活，那还有什么烦恼呢？又怎么会感觉到痛苦呢？

守住心理防线，让心灵获得自由

自古以来，为了追求自由，无数的革命先烈抛头颅，洒热血；现代社会，虽然已经无须我们以生命为代价去为自由奋争，但是，对于很多人来说，自由依然是遥不可及的梦想。许多人都在追寻自由，但似乎都觉得实现目标是那么难。其实，事实并非如此。自由与否完全取决于我们的内心，并不是可望而不可即的。要知道，这个世界上没有任何一个监牢能够使我们的心失去自由，即使我们身陷牢狱，失去了人身自由，我们的内心仍可自由畅想。因此，不要抱怨谁限制了你的自由，唯一能使你失去自由的就是你的内心。若想要获得真正的自由，你首先要做的就是解除心灵的束缚。

在生活中，每个人所面对的诱惑太多了，想要得到的也太多，因为迫切想要得到，因为害怕失去，所以人们变得束手束脚，不敢去自由寻找自己心中真正想要的。正因为心中有了很多的限制，所以心就成了囚禁我们的牢笼。人们常说，光脚的不怕穿鞋的，正是这个道理。一个人拥有的越多，越害怕失去，人也开始变得畏手畏脚，甚至失去自我，远不如一个一无所有的人那样无所畏惧。所以，放开你的心吧，心是自由的天地，而不是牢笼！

从现在开始，学着解除心灵的束缚，还它一个自由吧！

1. 消除内心的阴霾

内心是否自由，不在于承受了多么大的痛苦或者压力，而是取决于自己的心态。内心的世界也会因为长时间不清理而蒙满灰尘，不再像当初那么洁净、自由。人生在世，我们总是要经历各种各样的快乐或者不快乐的事情，若阴霾充斥着心灵，会令人萎靡不振。所以，试着为自己的内心做一次清洁，消除内心的阴霾，让不快乐都消散，让它有更多的空间来存放快乐。

2. 学会放下过去，珍惜拥有

曾经失去的东西，我们不要总是耿耿于怀，与其想怎样也改变不了的曾经发生过的事实，不如学会珍惜，珍惜我们拥有的朋友、亲人，拥有的全部。生活中，我们应该试着放下过去，重新出发，自己所拥有的东西已经很多，未来有更多有意义的事情等着你去做，何不从现在开始珍惜拥有的呢？

3. 自我反思

我们还应该学会时常自我反思。人虽然是不断前进的，但这个过程中，总会有各种困难、陷阱夹杂其中，我们想要获得内心的自由，就应该时刻反省自己，消除那些路上的困难和陷阱，让人生有更多可能。

心若不自由，不管身处何地，你都是受束缚的；心若是自由的，不管你身处何方，你都是自由的！

生活需要一些有价值的东西

面对生活，我们只有好好享受每一个选择。每个人就像漂泊在茫茫大海中的一叶小舟，阳光灿烂的时候，我们感觉幸福、快乐，而风雨交加的时候，我们慨叹命运的残酷，一切的感知都由心而生，也会由心而灭。而人生就是一个不断失去、不断得到的过程，既有得到的喜悦，也有失去的痛苦。有得必有失，虽然得失不可能必然成正比，但这才是人生的常态。

薛泽通先生曾在书中写道："你如果以挑剔的心态、灰色的心态去看待人生，你就觉得人生真是千疮百孔，一无是处；如果你以平常的心态、超然的心态去看待，你就觉得一切困难与挫折都很正常；如果以审美的心态、艺术的眼光去看待，你就觉得所有经历都是一笔财富，人生就是一场大戏：丰富、完美而滋润。"

如此看来，我们是否快乐其实全都取决于我们自己。只要不过分看重得失，不总将失去的痛苦记在心间，生活就会充满快乐与幸福。"有得必有失，有失必有得，事多无兼得者。”人生的得到与失去相辅相成，也正是因为这样我们的生命才更加多姿多彩。

从前，有一个居住在长城外的老爷爷。一天，他家的一匹马狂奔到了塞外的大草原上找不到了。他的邻居得知此事后都过来劝他，说：“你虽然丢失了一匹骏马，但你还拥有很多啊。凡事看开些，身体健康才是最重要的。”这时，老爷爷却非常平静地说：“不要紧的，失去骏马虽然让我一时难以接受，但说不定这会成为一件好事呢。”

几天过去了，令人意想不到的事情发生了，老爷爷丢失的骏马带着一匹罕见的北方少数民族的良马归来了。众乡亲闻讯，纷纷前来道喜。这时，老爷爷又意味深长地说：“谁知道这会不会变成一件坏事呢？”家里多了一匹良马，老爷爷的儿子自然十分高兴，他跃跃欲试地想要骑着新马去大草原驰骋一下。有一天，他骑着那匹马去外面游玩，因为骑得过快而从马背上掉落下来，把大腿骨摔断了。这时左邻右舍又来探望他、安慰他。这时站在一旁的老头不紧不慢地说：“谁知道这会不会成为一件好事呢？”众人听完之后更是一头雾水。

一年后，北方的部落大举入侵塞内，村子里的青壮年都被抓去当兵了。而老爷爷的儿子因为跛脚而被排除在征兵名单之外，也正是因为这样才保住了一条命。那些被迫去当兵的人大多死于战场了。这也正应了老爷爷的那句话，掉下马背也许是一件好事。

从上面的故事中可以看出，得与失本就是形影不离的，有得就有失。“失”对每个人来说，或许都是一段不愿提及的伤痛，因为失去就意味着不再拥有。然而，把握住“得”与“失”的艺术与分寸对人们来说却是至关重要的。若总想着得到，不想放手，那么我们将一无所有。

生活给予我们每个人的都是一座丰富的宝库，但我们必须懂得正确把握“得”与“失”的分寸和艺术，选择自己应该拥有的，否则，生命将难以承受！

不计得失能够减轻我们生命的重量，为我们的生命注入更有价值的东西，让我们的生命变得轻松而有意义。

1. 放下过去

我们应该如何看待人生中的得与失呢？拥有一颗平常心能让我们远离痛苦，收获更多快乐。在生活中，很多人无法彻底走出过去的阴影，无法感悟到今天的快乐，他们的生活总是充满痛苦、悲伤。若我们能放下过去，以豁达的心态来看待世界，也就能放下过去，不计得失了。

2. 知足常乐

知足是一种人生处世的哲学，常乐是一种简单、豁达的情怀。知足常乐，就是一种自我调节，将自己从悲伤、失望等消极情绪中解救出来，珍惜拥有，享受生命的精彩。老子曾说过：“祸莫大于不知足，咎莫大于欲得。”这句话在当代仍有现实意义。有的人总是在自己欲望的支配下，成为欲望的奴隶，最终迷失自我。当欲望无法得到满足的时候，他们会失望、伤心、抑郁。这时，人们就应该学会知足常乐，只有学会知足与珍惜，人生才能享受到更多快乐。

3. 失去并不一定意味着失败

在生活中，很多人觉得失去就意味着失败，但事实告诉我们，失败只是走向成功的必经之路。在失败中不断积累经验，我们能够不断提高，更快到达成功的彼岸。其实，失败和成功并没有统一的评判标准，“塞翁失马，焉知非福”，也许得到的背后就是失去，也许失去背后就是得到。过分看重得失，不仅会令生活缺少很多精彩，甚至还会让我们失去很多自己珍视的东西。所以，我们应该学会看淡得失，享受生活的更多精彩。

看淡得失，生活就能多些快乐，少些烦恼。看淡了得失，你也就能更好地找到自己的位置，把握自己的人生方向，实现自己的人生梦想。

欲望使人沉迷，但不会让人快乐

生活中，人们总是带着满满的欲望在人世间奔波，当欲望越来越膨胀的时候，才发现自己已经不堪重负了。

希望越大，欲望越大，失望和挫折也就越大，就算你得到了想要的东西，欲望的满足也只存在于完成时的那一瞬间，当那个时刻过去之后，你对它就再也没有先前的兴趣了。可见，欲望不会让人快乐，只会让人失落，甚至陷入大喜大悲的不稳定状态中。而且，当一个人的贪欲强烈到不可克制的病态时，他甚至可能会不择手段地去伤害别人，以致众叛亲离，最终失去了生活的乐趣。

托尔斯泰曾经说过："欲望越少，人生就越幸福。相反，欲望越多，幸福就会越少。"欲望是无止境的，正是由于我们拥有太多的欲望，所以面对诱惑时才会不能自拔。最终迷失了自己，让幸福离我们远去。

有些人可能会说，那些喊累的人是因为欲望太大了，而自己对生活的要求很低，但是为何还会感到累呢？

欲望就像一棵一棵大树，枝杈丛生，如果不精心修剪的话，就会越长越杂乱，失去应有的美态。每个人都有欲望，欲望如树，生生不息，永无止境，但我们不能放任欲望，而是要学会经常剪除多余的欲望。只有掌握好修剪欲望的技巧，欲望之树才会在我们的剪刀下有规律地成长，并长成我们想要的形态，这样的人生才会和烦恼绝缘。

生活中，我们该如何克制贪欲呢？

1. 正确看待身边的人和事

我们应该客观看待身边的人和事，如果他人比我们拥有的更多，也没有自卑的必要，我们要相信只要自己付出足够的努力，就能获得自己梦寐以求的成功，又不沦为欲望的奴隶。

2. 摆正心态

摆正好心态，才能保持理智，才能真正清醒地思考，才能控制好自己的欲望。好的心态有助于我们更好地控制自己的行为。

3. 转移注意力

人的时间和精力是有限的，当你专心做一件事情并从中找到快乐的时候，做其他事情的时间自然就少了。如果你痴迷某种欲望中不能自拔，不如转移自己的注意力，让自己将更多的时间放在其他事情上，这样能避免你在一条路上走到黑。

生命没有重来的机会，因此，我们必须珍惜这仅有的一次生命。面对欲望，我们必须要学会自控，摆正自己的心态，正确看待身边的人和事，以清醒理智的态度度过美好的时光。只有如此，我们的内心才会更加快乐。

放下攀比，别让自己的心徒增烦恼

对于我们来说，生活重要的不是攀比，而是享受快乐；不是关注别人拥有什么，而是看到自己拥有多少珍贵的东西。不要让自己原本幸福的生活由于攀比而失去了原本的美丽。

在现实生活中，很多人总是整日羡慕别人，认为别人的就是最好的。他们总想让自己变成别人的样子，总想和别人比较一番。于是他们费尽心机去追逐、跟风，但是你再怎么模仿也不可能和别人一模一样，因为你就是你，你不是别人！攀比到头来只是给自己增添了很多烦恼，在攀比中煎熬，在得不到中挣扎，痛苦的还是自己！退一步讲，就算你达到了自己的目标，走上了和别人一样的轨迹，又能怎样？或许那根本就不适合你，结果只会浪费大量的时光，错过了很多机会。

攀比之心，人皆有之。但如果只是盲目攀比，只会给自己带来不必要的烦恼。俗话说："人比人气死人。"有的人总喜欢和他人攀比，这样的人无论多么成功，多么富有，也很难感到幸福，总是过得很痛苦。这种痛苦就是来源于攀比。

作家郑辛遥说："生活累，一小半源于生存，一大半源于攀比。"是啊，人生在世，每个人都在为了生计、为了生活不断奔波。但有些人还嫌生活不够"精彩"，非要给生活加点嫉妒、郁闷、愤怒等，你拥有的已经很多，为什么偏要自寻烦恼，和别人攀比呢？

那么，如何远离攀比呢？

1. 正视自己的优缺点

人们应该学会正视自己的优缺点。不要总盯着自己的缺点而失去信心；也不要只看到自己的优点而沾沾自喜。若只看到自己的缺点，那么就如同海伦·凯勒所说的那样，"把脸朝向阳光，你就把影子甩在了身后；背对阳光，你便会处于阴影中"，生活将处在一片黑暗当中。当我们不能正视自己的优点的时候，要及时调整自己，多做一些积极的心理暗示，让自己积极、快乐起来。与其盲目地去同他人攀比，不如学着正视自己。每个人都有自己的优缺点，不可能没有一点优点，也不可能各个方面都优于别人，但是我们可以精益求精，不断超越自己。

2. 欣赏自己拥有的

现实生活中，有些人总是喜欢攀比，将自己置身于压抑和痛苦之中。人的视力有两种功能：一种是向外看别人，另一种是向内看自己。而人的习惯是向外看得太多，向内看得太少。若拿自己的缺点和别人的优点比较，那么生活还有什么快乐呢？不要总是看到别人的优点，而忘了欣赏自己的闪光点。

你所拥有的可能不及他人多，但你有的也可能正是对方努力追求的。放下攀比，细数自己拥有的幸福，就不会陷入痛苦的深渊了。

3. 保持平常心

其实，与别人适当的比较可以激发我们向上的动力。羡慕别人的工作待遇好，羡慕别人过得好，都是正常的心理活动。看待自己的生活要有一种理性而自信的态度：相信通过自己的努力，可以获得自己想要的生活、工作，不必总是羡慕别人。面对别人的成功，我们也应该保持平常心，过自己的生活，获得内心的快乐。

4. 自我控制

我们每个人都有各种各样的需求，并且因为人的欲望，需求总是无止境的。这时候虚荣心也会逐渐膨胀，因此要学会自我控制。控制自己不被欲望所裹挟。 在想要一件东西的时候，不妨先问一下自己，我是否真的需要它？拥有了它有什么意义呢？如果答案是否定的，那么这个时候就要学着控制自己，这样才不会使你的虚荣心泛滥。

请静下心来，放下心灵的负担，珍惜自己所拥有的一切。学会欣赏自己的每一次成功、每一份拥有，你就不难发现，自己拥有的已经很多，自己原本就活在幸福、快乐中。

选择忘却，获得内心平静

人生在世，难免会遇到一些挫折、失败和痛苦，这都是不顺心的事。如果我们把痛苦埋在心里，日积月累，长此以往，就会深陷意志消沉的泥潭而不能自拔，跌进精神萎靡的深渊而不能解脱。因此，要远离痛苦演绎的悲惨世界，就要找到一剂止痛的良方，这剂良方就是忘却。

忘却也是保持心理平衡的好办法。的确，很多时候，人们都是在为过去所累，过去的冤怨、过去的争吵、过去的误解、过去的情感，包括过去的辉煌与荣耀。其实，那些不过只是飞过头顶的一片云彩，飘过眼前，便云消雾散。懂得忘记不快的人是豁达的、成熟的、美丽的。因为忘却就是一种豁达，一种千帆过后的沧桑沉淀。世事无常，命运颠沛，生活还是无谓地继续着，除旧迎新，遗忘一些过往之后会使体内的血液更新鲜地涌动！

忘却也是一种成熟，一种阅尽繁华之后的淡泊。在每一个无人的夜晚，梳理思绪，活在当下，更真实地拥抱自己！

忘却也是一种美丽，一种禅意的空灵。刻意的遗忘相对来讲是困难而苦累的，但只要你想抛弃那些包袱，就没有不可能的。而无意的遗忘，是一种不深刻的体现，但也体现了人生的练达旷意。

既然这样，我们就要学会善于淡化烦恼，忘记烦恼，那么，如何才能淡化和化解烦恼呢？你可以试试以下方法：

1. 把一切交给时间

时间是淡化、忘却痛苦的最好利器。遇到烦恼之事，倘若你主动从时间的角度来考虑，心中对烦恼之事的感受程度可能就会大大减轻。受了上级的当众批评，面子很过不去，心里难以承受，不妨试想一下，三天后、一星期后甚至一个月后，谁还会把这件事当回事，何不提前享用这时间的益处呢？

2. 忘却不是逃避

勇于承认现实，坦然面对现实，对于任何既成事实的过失以及灾祸，不必为之过多地后悔和烦恼，也不必因此而不休地责备自己或他人，而应把思想和精力放在努力弥补过失、尽可能地减少损失方面，否则过多的后悔、不休的责备，不仅于事无补，而且还会扩大事端，增加烦恼。

当然，忘却不快，并非对过去的抹去和背叛，而是把往昔的痛苦与烦恼沉淀于心底，从而更好地主宰自己的命运，把握未来。学会遗忘，走出烦恼泥潭，便会倍感生命的可贵，生活的绚丽，从而让生命更富有朝气和力量。

人的一生辗转曲折，谁都不是一帆风顺的。选择忘却，是为了丢掉包袱，更加轻松愉快地前行。当我们学会适当地抛弃那些本心之外的附属品，简单的生活会令我们更接近幸福的真谛。

第08章

主动调节，寻找积极的方法改善坏情绪

运动起来，放松身心

现实生活中，许多人会面对工作、生活、学习等方方面面的压力，不良情绪常常不期而至。对此，有些人选择向他人发泄，有些人选择闷在心里，也有的人感到无所适从。殊不知，运动也是排解压力的一种行之有效的好方法。

孙女士是一位医生。自年初医院对主任们实行末位淘汰制以来，她心理压力很大，经常感到头昏脑涨、四肢乏力、心浮气躁，脾气也越来越不好。半年以后，她人瘦了不少，气色也不再红润，有人说她得了抑郁症。近几个月，同事们普遍反映：以前那个心浮气躁、总感不适的孙女士摇身变成了稳重大度、耐心敬业的人。是什么让她放下压力，乐观地去工作与生活？孙女士说，是运动，自从每天练瑜伽、散步后，她感到浑身有使不完的劲。

生活中，像孙女士一样存在心理问题的人并不少见。生活中的种种问题让他们情绪不佳，但却不知如何宣泄。其实，运动就是一个很好的方法。据统计，有50%的人一周中至少有一天会感到疲惫。美国佐治亚州大学的研究者通过对70项不同研究分析得出结论：让身体动起来可以增加身体能量、减少疲累感。

不知你有没有这样的体验：当情绪低落时，参加一项自己喜欢又擅长的体育运动，可以很快地将不良情绪抛之脑后。这是因为体育运动可以缓解心理焦虑和紧张的程度，分散对不愉快事件的注意力，将人从不良情绪中解放出来。另外，疲劳和疾病往往是导致人们情绪不良的重要原因，适量的体育运动可以缓解疲劳，减少或避免各种疾病。

对大多数人来说，日常生活中，只要我们能多参加运动，适当调节自己的心情，就能获得快乐的心情，赶走不快乐的情绪。因为运动的效果是正向的，它可以激发人的积极情感和思维，从而抵制内心的消极情绪。此外，运动能促进大脑分泌一种化学物质——内啡肽。内啡肽可以帮助我们排除抑郁、焦虑、困惑以及其他消极情绪，通过改善体能，也能增强自我掌控感，重拾信心。

有人说，运动会出汗。运动当然是会出汗，这是毋庸置疑的，但除了汗水，我们收获的会更多，我们的身心会在汗水中得到释放。再者，并不是所有的运动都和人们想象的那样出很多汗，就比如游泳，夏天最好的运动方式莫过于游泳。当然，无论哪种运动，出点汗都是好事，出汗之后，只要能迅速补充体液、补充矿物质，再洗上一个热水澡，那么剩下的就是舒舒服服的感觉了。尤其是在经过了一段时间的剧烈运动后，那些所谓的烦恼都被抛到九霄云外去了，你会觉得身心畅快。有科学研究表明，运动后人体内会产生一些类似于兴奋剂的物质，让人感到愉快。

困难来临时，枯坐原地、愁眉不展又有何用？站起来，去跑，去跳，去运动吧！大汗淋漓之后，那种身心畅快的感受会让你的精神面貌焕然一新，轻松、自信的你，问题必然能迎刃而解。

去旅行，风景好心情就能好

现代社会中，人们的压力到底有多大？无形的压力主要源自三个方面：工作、经济、健康。每天面对这些繁琐的问题，人们难免产生不良情绪。于是，越来越多的人渴望能自我减压和放松。而“回归自然”“亲近自然”的魅力正在被这些混迹于钢筋混凝土之间的城市人发觉，他们逐渐投身到大自然的怀抱中，呼吸新鲜空气、寄情山水之间，就连我们喜爱的演员张静初也是有着特殊旅游情结的人。

演艺圈明星由于平时工作繁忙压力大，所以在闲暇之余十分需要自我放松、调整情绪。他们会依据个人爱好，选择各种不同的方式来给自己减压。作为普通人的我们，同样也可以选择旅行的方式来亲近自然，以此来宣泄我们的压力和不良情绪，一般来说，你可以选择的旅行方式有很多，比如：

1. 登山

登山的过程，是一个不断征服的过程，当我们跨过一个个山头，就会发现呈现在自己面前的，是另外一片风景，我们的眼界也逐渐开阔起来。同时，爬山还有另外一个好处，那就是锻炼身体。

因此，无论是周末，还是闲暇时间，我们可以约上几个朋友，去大山里走走，去感受另外一个远离尘嚣的世界。当然，登山的过程中，我们一定注意安全，最好不要一人登山。

2. 野营、露营

野营，顾名思义就是在野外露营、野炊，这是一种锻炼生活技能的很好的方法，并且，在相互合作的过程中，人与人之间的关系也会变得亲密起来。而除此之外，还有另外一种活动——露营，这是种休闲活动，通常露营者携带帐篷，离开城市在野外扎营，度过一个或者多个夜晚。露营通常和其他活动相联系，如徒步、钓鱼或者游泳等。

3. 钓鱼

这个活动我们并不陌生，钓鱼的主要工具有钓竿和鱼饵。钓鱼的工具制作起来很简单，钓竿的材质可以是竹子，也可以是塑料，而鱼饵的种类也很多，可以是蚯蚓，也可以是米饭，甚至可以是苍蝇、蚊虫。如今有专门制作好的鱼饵出售。鱼饵可以直接挂在丝线上，但有个鱼钩会更好，对不同的鱼有特殊的专制鱼钩。另外，有一个鱼漂会更有帮助。在周围水面撒一些豆糠会引来更多的鱼。

4. 徒步

徒步亦称作远足、行山或健行，它和通常意义上的散步不同，也不是体育活动中的竞走，而是指有目的地在城市的郊区行走，虽然不需要登上山顶，但是与登山和穿越密切相关，两种活动经常结合在一起。

旅游带给我们的绝不仅仅是参观了某处古迹、爬过了某座大山的行程记录，而是让我们的心灵得到了沉淀，让我们的灵魂得到了净化。因此工作再忙，也总能挤出闲暇的时候，找个时间，找个地点，适时给自己的身心放一个假，看过一圈新的风景后，你会发现生活也更美了。

笑一笑，真的就能开心起来

所谓“强颜欢笑”，指的是一个人内心很悲伤，但是表面上却装作若无其事的样子向别人微笑。这样一来，就可以骗过别人，不让别人发现自己内心的悲伤。其实，我们不仅仅可以用这种方法来骗别人，有的时候，也可以用这种方法来骗自己。也许有人会说，自己怎么能被自己骗呢？事实是，自己真的可以骗自己。细心的朋友可以发现，当你沉浸在压抑、失落或者是伤痛中的时候，如果能够和身边的人说说话，聊些开心的事情，那么很快你的坏情绪就会得到缓解，甚至真的变得高兴起来。

如果你伤心的时候身边恰巧没有可以倾诉的对象，或者是你不想让别人知道你的心事，那么你也可以采取一个人高兴的方式使自己得到放松，使自己的坏情绪得到缓解。例如，你可以去购物，一个人看着琳琅满目的商品，买一两件喜欢的衣服犒劳下自己；你还可以去品尝美食，在食物独特的滋味中，你会渐渐觉得生活其实很美好；如果你喜欢远足，你也可以一个人去郊外，远离喧嚣的都市生活；当然，诸如潜水、骑行、游泳等，也都是很不错的选择。唯一需要注意的是，在做这些事情的时候，你要假装高兴，自己骗自己说我一个人也可以很开心。如此一来，你就会真的开心起来。从本质上来说，这其实是一种心理暗示作用，同时，还掺杂着注意力的分散原理。坏情绪不会永远跟着我们，只要你采取恰当的方式排解它们。

小诺是一家公司的文秘，尽管每天都做很多杂事，但是她却总是开开心心的，从来不见她愁眉苦脸的样子。为此，大家都亲切地叫她“开心果”。

一次，公司要裁员，小诺因为学历比较低，所以也在名单之上。裁员是提前一个月公布的，大家原以为小诺这次一定会愁眉苦脸的，毕竟在金融危机的影响下找工作不是那么容易。然而，出乎大家的意料，小诺第二天来上班的时候依然是笑呵呵的。大家不解，问小诺：“小诺，难道这个世界上没有什么事情能使你伤心难过吗？”小诺说：“当然有啊，我也经常感到不开心。不过，我有法宝啊。每当我不开心的时候，我会对着我的小熊倾诉，还会犒劳自己去吃平时吃不到的美食。昨天知道自己要被裁员，我就对着小熊一边哭一边说。说完了，我的肚子也饿了。于是，我就像八九岁的小姑娘一样开心地去吃了麻辣香锅，一个人吃得肚饱溜圆。我不停地告诉自己要开心啊，皱着眉头吃多么浪费美食啊！吃着吃着，我就真的开心起来了。我想好了，我要开一家淘宝店，这样，我就自己当老板了！”

听了小诺的话，大家也不由得高兴起来，七嘴八舌地说："淘宝好啊，自己当老板，不被管，不受气！""淘宝可是个时髦行业，干好了不比上班的收入少呢，还不用起早贪黑地挤地铁！"一时之间，在小诺的笑颜下，大家都觉得淘宝简直是个难得的好职业！

的确，人生没有过不去的坎，我们又何必一直和自己过不去呢？即使失去了工作，我们也可以休息一段时间再找新工作，忧愁丝毫不能解决问题。

伤心的时候，不如假装高兴，只要你真心地骗自己高兴，你就会真的高兴起来！

走进大自然，淡化烦恼

身处于世，我们难免因为尘世中的琐碎事情而影响心情，这样我们的烦恼会不断增多，日积月累，心灵的垃圾就会堆积起来，这对于我们的身心健康是极为不利的。因此，现代城市人寻求到了一种释放压力、忘却烦恼的方法——走进大自然。大自然的奇山秀水常能震撼人的心灵。登上高山，会顿感心胸开阔。放眼大海，会有超脱之感。走进森林，就会觉得一切都那么清新。

曾经有个男青年，他与相恋两年的女友分手了。男青年十分钟情于女友，分手之后的一段时间，他终日茶饭不思，夜不能寐，十分痛苦，身体也大不如从前。爱恨交织之下，他居然萌生了报复女友的念头。

男青年的一帮朋友看在眼里，急在心上，生怕男青年出事。后来，他们想到一个方法——多带男青年出门走走。于是，周末朋友们带他走进大山大河，投入大自然的怀抱。他们寄情于山水之中，并用许多事实和道理开导他，让他学会忘却。山的博大胸襟，江的容纳气度，水的坚韧品质，朋友们清泉般穿透心田的良言，终于让他明白了许多。渐渐地，他从伤痛的沼泽地走了出来。

的确，当我们心理不平衡、有苦恼时，应到大自然中去。山区或海滨周围的空气中含有较多的负离子。负离子是人和动物生存必需的物质。空气中的负离子越多，人体的器官和组织所得到的氧气就愈充足，新陈代谢机能提高，神经体液的调节功能增强，有利于促进机体的健康。愈健康，心理就愈容易平静。

现代人虽然远离大自然，但是本能和遗传的作用还是让人能感到大自然的亲切。这种亲切感会让人倍感放松。

我们应掌握两点与大自然亲近的操作诀窍：

1. 一旦走入大自然，就要全身心地投入当中

比如，到草地上躺躺，到大树下睡一觉，将脚放到流淌的清泉里，还可以钓鱼、赏花，或者只是呼吸品味大自然中的气息……

2. 出去时最好带上自己信任的人，如家人和好朋友

一边在美丽的风光中游览，一边和身边的人聊聊心事。这样会收到意想不到的减压效果，可能感觉自己像换了一个人似的。

有条件的话，最好到真正的大自然当中，比如郊区。如不具备条件，可考虑到城市公园等人造自然风光中去，当然效果会打些折扣。在走入大自然之前，可能还得考虑时间、金钱等问题，多数情况下，这一切都是值得的。

无数的实践证明，走进大自然，可以使人们身心愉悦，摆脱不良情绪的困扰。当心灵得到净化，再重新去看眼前那些不顺遂的事，也会变得云淡风轻。

运用音乐疗法，调节心情

现代社会中的人们，每天都必须面对繁重的工作和生活压

力，难免会有情绪低落的时候，当人的心情处于低潮时，对任何事情都提不起兴趣。要想摆脱这种心情，首先不要总是去想这些问题，要转移注意力，而音乐就是舒缓心情、调节身心的良好方法。

在古希腊，人们相信音乐是神赐予的。传说中，奥菲斯弹奏阿波罗送他的那把七弦琴时，可使野兽平静、树木跳舞、河水停止流动。他的音乐深深地打动着人心，可谓余音绕梁，三日不绝。人们甚至相信，他曾用自己的音乐说服了阴间之神释放他心爱的尤莉狄斯。

可见，音乐是一种可以唤醒沉睡灵魂的力量。音乐作为一种艺术，它之所以能打动人，是因为它能以动感的旋律表现出一种情感，它所蕴含的宁静致远、清淡平和，可以使终日奔忙、身心俱疲的现代人得到彻底放松。作为奔波于现代闹市中的人，一定要懂一点音乐。在音乐的圣殿中，我们能暂时忘记生活的烦琐，工作生活的不顺心，能获得音乐给予我们的心灵滋养。音乐是一种可以抚慰心灵的媒介，它可以和心灵产生共鸣，并把心中的不良情绪释放出来，还可以让你浮躁的内心恢复平静。当我们为现代生活所累时，不妨尝试一些音乐疗法，那么，什么是音乐疗法呢？

音乐疗法是通过生理和心理两个方面的途径来治疗疾病

的。音乐声波的频率和声压既能引起生理上的反应，又能引起心理上的反应。听音乐时，音乐能够启动大脑的情感中枢，这一发现具有非常重要的意义，因为音乐不会像药品那样直接对大脑产生作用，所以这种间接作用就显得更为神奇。

音乐疗法是一种令人感到愉快的自然疗法，它能提高大脑皮层的兴奋性，可以改善人们的情绪，激发人们的感情，振奋人们的精神。同时，有助于消除心理、社会因素所造成的紧张、焦虑、忧郁、恐怖等不良心理状态，提高应对能力。

音乐治疗在以下几个方面的疗效是显而易见的：有助于释放情绪，提高自我表达能力；减压、排忧解困；改善身体和情绪功能，提高情商；提高人际交往的能力及处事技巧；减少不恰当行为及增强自制；改善学习兴趣，提高身体灵活性；增强专注力与定力；强化个性气质；加快自我成长，提升自我价值，确定人生方向；缓解并医治身体的各种病症。

人类拥有多种多样的陶冶心灵的艺术形式，如文学、美术、舞蹈等，音乐便是其中的一种。美好的音乐会令人沉醉在幸福的感受中，忘记其他的欲望或者烦恼，孔子曾闻丝竹而三月不识肉味。当我们陷身于困境时，不妨让音乐引领我们走出泥沼吧！

借助服饰调节情绪，穿出你的好心情

生活中，我们发现，很多女人包括一些男人，他们在心情不好时，会选择购物，尤其是用购买服饰的方式来抚平不快。当他们穿上舒服、美丽的衣服，戴上极富个性的首饰时，他们的心情也会随即好起来。可见，服饰是帮助人们修复心情的良药之一。

英国著名心理学家宾尼博士通过5年多的专题调查研究发现：人的衣着和人的情绪是密切相关的，也就是说，衣着可以调节人的情绪。美国著名心理学家杰克·布朗也称：适当地选择穿着的衣服，有改善情绪的功效。并根据有关试验和跟踪调查的结果，证实了其理论是正确的。他们认为，称心的衣着可放松神经，给人一种舒适的感受。

对此，我们可以注意以下几点：

1. 不穿易皱的麻质衣服

当你这段时间情绪欠佳时，最好不要穿发皱或容易起褶皱的衣服，因为这种衣服会使自己有一种局促不安的感觉，这样一来，会加重压抑的感觉。

2. 不穿硬质衣料的衣服

硬质衣料的衣服会让你感到僵硬和不快。此时最好穿质地柔软如针织、棉布、羊毛等衣料做的服装。

3. 不穿过分紧身的衣服

在衣服的款式方面，不要穿过分紧身的衣服，如果太紧了，会造成压迫感。对于女性来说，要避免穿窄裙、连裤袜和束腰的服装，尤其不要穿紧身牛仔装，否则会加重情绪上的压抑感。而穿宽松的服装会令你呼吸轻松、血液循环畅通，使不良情绪得到缓解。

4. 不系领带

男性在情绪不佳时最好不要系领带，这样能减轻一些受束缚的感觉。

5. 穿合适的衣服

把平时自认为好看的衣服穿在身上，浑身会有一种说不出的愉悦感，郁郁寡欢的心情随之消失。如果是穿了一件已经穿了很长时间的漂亮衣服，还会使人回忆起某一特定时空中的感受，很可能会让人深深地沉浸在缅怀美好的过去和眷恋以往愉快的生活中。顺眼的衣服会让人自我感觉良好，重新鼓起面对现实的信心和勇气。

6. 穿色彩明亮的衣服

衣服的色彩也从很大程度上影响着人的情绪，也要注意适当地协调和搭配。当感到心情不愉快时，男性可以穿一件色彩明快的衣服，如浅蓝色，用以冲淡一些心理的暗沉感觉，而女性这时则可选择红色、玫瑰色、黄色和绿色等悦目的衣服来调节自己的情绪。黄色给人温暖的感觉；蓝色让你摆脱烦躁的情绪，安静下来遐想广阔的大海，心情也会像海一样宽广；而一身橙色的运动服，让你顿时阳光十足，充满活力。

总之，要明白，舒适而又令人舒心的衣服，蕴含着一种特有的人情味，它以美好的思念和愉快的联想，逐渐抚平人们心头不快的皱褶。

适当地选择穿着的衣服，具有改善情绪的特殊功效。如果你感到精神紧张，过度疲劳，不妨改穿一件称心的衣服。

第09章

别苛求完美，接纳缺憾心才能沉静

别苛求自己，完美并不存在

作家徐璐说："不要苛求别人，更不要刻薄自己，这样快乐会很容易。"其实，生活中的诸多不快乐，也源于对他人的苛求。

我们每个人都应该知道：完美并不存在。每个人都有优点，也有缺点。人际交往中，若总是苛求完美，那么永远也交不到真心的朋友。朋友有长处，也有短处，十全十美的朋友是找不到的。接纳朋友优点的同时，也要接纳朋友的缺点，唯有如此，你才能收获真正的友谊。若无法接纳朋友的缺点，希望自己的朋友是完美的，那这明显是一种奢望。世界上完美并不存在，又有谁是特殊的呢？苛求完美，最后只会让身边的朋友离你越来越远。

小敏从小就是一个对自己要求很严格的人，她不仅对自己要求完美，对身边的人也严格要求。比如她是一个有洁癖的人，从不允许同屋的室友将自己的脏衣服丢在床下不洗；她是一个沉默寡言的人，也要求身边的人少说话，最好保持沉默；她觉得浪费时间是一种可耻的行为，也希望周围的人最好放弃玩乐，时刻都认真学习或者工作。总之，在她的眼中，身边的人身上全都是缺点。而身边的朋友都忍受不了她处处要求完美，所以选择孤立她。这下她只能自己严格要求自己了。

其实，我们根本无须要求自己和他人都那么完美，这样只会让自己活得很累。人无完人，每个人都有缺点，包括我们自己。所以，我们不应该苛求自己和他人完美，如此才能让自己活得更加轻松、快乐。

1. 认识到人无完人

哲人说："不求尽如人意，但求无愧我心。"要知道，在这个世界上，完美在现实生活中是不存在的，追求完美也仅仅是一种美好的憧憬。任何一个人都不是十全十美的，也不可能处处都比他人强。实际上，有自己的特长就已经十分了不起了，想各个方面都比他人优秀，最终结果可能连一个第一都没有了。所以，我们应该充分认识到人无完人，完美并不存在。

2. 放弃完美

学会放弃完美，因为我们本身就不是完美的，这才是现实。放弃完美，选择更适合自己的，才能及早向成功迈进，这才是明智的选择。

现实生活中，对他人、对自己都不宜过于苛求，否则会让自己生活在痛苦中。不苛求完美，不苛求自己和他人，就这么顺其自然地走着，永远保持向前的姿态，生活也会更加幸福、快乐。

接纳别人的缺点，享受真实的幸福

人是群居动物，每个人都不可能独立地在这个世界上生存，每个人都要与别人打交道。既然是交往，就难免要磨合，就会产生摩擦，甚至是矛盾。很多时候，我们自以为是完美的，因而也用同样的标准去要求别人。殊不知，“金无足赤，人无完人”，每个人都有自己的缺点，这些缺点，我们或许能够接受，或许很难接受。对于那些性情相投的朋友，人们常用“志同道合”“默契”等来形容，而对于那些一见面就针尖对麦芒的人，人们只能用“不对付”来加以总结。其实，假如每个人的心态都能宽和一些，那么，人与人的相处就会更加容易。

在生活中，有些人严于律己，宽以待人，这样的人是很好相处的。而有些人则恰恰相反，他们严于律人，宽以待己。可以想象，和这样的人交往将会多么困难。归根结底，交往是否融洽，完全取决于人们以怎样的心态与人交往，怎样对待别人。在生活和工作中，要想拥有好人缘，要想拥有更多的朋友，我们就要学会接纳别人的缺点，因为我们自己也是有缺点的。

璐璐几乎没有一个朋友，究其原因，是因为她太挑剔了。璐璐本身非常优秀，唯一的缺点是凡事都吹毛求疵。对于同学们，璐璐总是能找出缺点来。例如，张三太邋遢，李四太懒惰，马莉小心眼，珠珠说话太刻薄。尽管看到了每一个人的缺点，璐璐却没有看到自己的缺点。眼看着班干部选举在即，尽管璐璐非常优秀，但她的选举得票却少得可怜。眼看着不如自己的张三居然当上了班长，璐璐委屈极了。她找到班主任，班主任看着璐璐，笑着摇了摇头。班主任对璐璐说："璐璐，其实你不管哪个方面都很好，但是你知道为什么同学们都不选择你吗？就是因为你的眼睛总是盯着别人的缺点。而张三之所以能够以最高的选票当上班长，就是因为他人缘好。"璐璐不满地嘟着嘴，说："可他那么邋遢！"班主任语重心长地说："你要知道，没有人是完美的，每个人都有缺点。张三虽然邋遢，但是他的优点是非常热心。不管谁遇到了困难，他总是第一个上前帮助，而且从不计较得失。再如李四，他尽管有点儿懒，但是他脑子非常聪明，年年的数学竞赛都是李四帮助我们班级得到了第一名的好成绩。还有很多同学，也许在你眼里都有缺点，但是这些缺点不是致命的。你总是放大别人的缺点，而忽略了别人的优点。假如你能把这两个方面颠倒一下，你就一定能够做得更好。”听了老师的话，璐璐恍然大悟。原来，她自以为事事都看得很清楚，对每个人的缺点都了如指掌，到头来却是这双“火眼金睛”害了她。

只有接受别人的不完美，像对待自己一样宽容地容纳别人的缺点，我们才会成为受欢迎的人。其实，凡事都有两面性，缺点有的时候也会转化为优点。要想和人更好地相处，除了学会接纳别人的缺点，我们还要学会欣赏别人的优点。与人相处的时候，千万不要戴着有色眼镜看人，更不要把别人的缺点无限放大。正确的做法是放大别人的优点，缩小别人的缺点，以平和的心态接纳别人，宽容别人。

金无足赤，人无完人。只有记住这个道理，我们才能更好地与人相处。

平静的心能使你感受幸福

如今的大城市，到处都充斥着熙熙攘攘的人群和喧哗的吵闹声，这一切使人们已经很少有时间和机会静下心来听听自己内心的声音了。每天，我们为了金钱，为了名利，为了拥有更好的生活而奔走在城市的每个角落，我们已经失去了宁静。入夜，当一切喧嚣都回归平静，我们却在睡梦中重复着白天的刺激与新鲜，我们奔跑、欢笑，唯独缺少一个安然无梦的睡眠。我们还能感受到幸福吗？大多数人给出的答案都是："生活太忙碌了""每天都觉得很累""不知道活着是为了什么"……所有的这些困惑，都因为我们失去了宁静的心。

假如心迷失了方向，我们又如何知道什么才是我们想要的幸福呢？心，是人生的引航灯，即使再怎么忙碌、劳累，我们也要保持心的清明和宁静。累了，就歇歇，问问自己如此劳累是为了什么；忙了，就闲闲，问问自己如此马不停蹄到底在追求什么；困惑了，就想想，问问自己这一切是自己想要的吗？即使外界再怎么纷扰，只有内心保持宁静，我们才能真正感受到幸福的滋味。其实，幸福不是很多很多的钱，也不是身居高位的权势，更不是大房子、豪华汽车，幸福是你内心深处倾听到的声音，有清晨静静花开的声音，有傍晚长河落日的声音，有一家人在一起幸福绽放的声音，有简简单单、平平淡淡的锅碗瓢盆的声音。如果你能听到这一切，你就能够感受到真正的幸福。

很久以来，紫萱都没有再感受到幸福的滋味，尽管她有了大房子、好车。曾经，紫萱以为自己生活的目标就是这些，这些就是幸福的指标，如今真正拥有了，紫萱才发现这一切带给自己的都是空虚，更加深度和无望的空虚，生活甚至比贫穷的时候更苍白无力，至少穷的时候还有目标。

紫萱是一个下海经商的女强人，曾经，她不满足于老公每天三尺讲台的清贫，因此毅然和老公离了婚，还放弃了三岁的女儿，一个人来到海南打拼。如今，回忆起曾经那个只有两间房间的家，紫萱的心中居然充满了无限的感动和向往。紫萱偷偷地回到自己曾经一刻都不想再停留的小城市，回到了丈夫工作的学校，回到了学校分给他们的那间平房——紫萱曾经的家，看到丈夫正在做饭，屋内是缭绕的热气，散发出蛋炒饭的香气。吃惯了山珍海味的紫萱突然很渴望能够吃到一碗丈夫做的蛋炒饭，因为那是家的味道，远非其他的美味可比。然而，紫萱不知道这里还能不能称之为自己的家。紫萱在家门外徘徊了整整三天，看着女儿每天清晨笑靥如花地和丈夫告别去上学，看着丈夫每天夹着课本和教案进进出出，听着日落黄昏家中传出来的欢声笑语。紫萱突然知道了什么才是真正的幸福。她毅然回到海南，处理了公司和自己所有的财产，回到了这个默默无闻的小城。她要祈求丈夫和女儿的谅解，回到这个能让她听到幸福声音的家！

幸福和金钱、物质无关，相反，金钱和物质的极大丰富可能会使我们的心迷失方向，失去宁静，再也感受不到幸福的滋味。幸福，不喜欢热闹，是需要每个人静静地用心体味的。我们每个人曾经都追求过很多东西，但不要忘记，幸福住在你的内心深处。

不管你身在何处，也不管你是贫穷还是富有，要想拥有幸福，最重要的就是要拥有宁静的心。

放下执念，别追求虚无缥缈的东西

活在这个喧嚣的世界上，我们想要得到的太多。例如，我们拥有了健康的身体，便想得到更多的财富；当我们变得富裕了，我们还想要受人敬仰的社会地位；当财富权势都得到了，看着渐渐老去的容颜，我们希望自己能够永葆年轻；即使拥有了年轻，我们还想要爱情、激情；当一切都得到满足了，我们发现自己老了，于是，我们想让时间逆转，重回青春岁月。而这一切的一切，假如我们的身体不健康，便会成为浮云，在生老病死面前，我们唯一想要的就是健康。然而，等到我们真正明白了这些道理，我们已经没有时间去改变了。总之，我们的欲望太强，想要得到的太多。大部分人的生命被消耗在这些无谓的事情上，直到生命的最后一刻才知道自己真正想要的是什么。

其实，人生所必需的东西很简单，那就是健康和快乐。科学研究证实，健康和快乐与金钱和物质无关。很久以前，人们就说过，金钱买得来床铺，买不来睡眠；金钱买得来房屋，买不来家；金钱买得来婚姻，买不来爱情。当看清楚这一切的时候，人们才能够对人世间一切浮华的事物放平心态。试问，当为了金钱、物质、名利而导致自己的身体过度疲劳、日渐衰微的时候，这一切值得吗？人们肯定会说不值得。但是，当身体健康的时候，人们却都争先恐后地去抢夺这些虚无缥缈的东西。其实，真正的大智慧不是去争取这些东西，而是放平心态，与世无争。

小吉被所有的同事公认为是最傻的人，原因是他明明板上钉钉地能够当上车间主任，但是他却主动拱手相让给了竞争对手王宝。原来，王宝的老母亲瘫痪在床，妻子又刚刚下岗，对于王宝来说，车间主任每个月三百多的岗位津贴是雪中送炭。而小吉呢？尽管他的家庭条件也不是很好，但是他却不是非这三百来块钱不能活的。正是出于这种考虑，小吉主动退出竞争，让王宝当上了车间主任。对于这一切，知道的同事都说小吉傻，因为这件事情并非只是三百多的岗位津贴的区别，要知道，一步提前步步提前，一步落后步步落后。此时王宝还能记得感激小吉，日久天长，王宝还能记得自己是如何当上车间主任的吗？原本的下级变成了上级，对小吉有何好处呢？对此，小吉却不这么想。他说：“不管是名还是利，无非都是身外之物。人活着，为的就是心安。只有心安，才能活得坦荡。我做这件事情根本没有想让谁感激我，我只是为了自己心安。我觉得是对的，所以就去做了。”

事例中的小吉，为了帮助王宝，主动退出竞争，把车间主任的职位让给了王宝。对此，他并非想要得到什么，而只是觉得自己应该那么做。尽管我们很难找到十全十美的好人，但是，对于别人的需求能够坦然相助并且不计较自己得失的人，便无愧于自己的心。

世界上，欲望很多的人总是有很多要追求的东西，因此，他们既害怕失去，又害怕得不到，做人便多了几分胆怯。只有那些与世无争的人，只有那些无所谓得到也不为失去而绝望的人，才能更加坦然地面对人生的风雨和坎坷。

拥有大智慧的人懂得与世无争的道理，就会活得坦然从容。

百般挑剔，不如提升自己

在当今社会中，有的人喜欢挑剔，但他们却忽略了，不完美才是真正的生活。任何事情都是不完美的，世界上也没有完美的事情，我们又何必苛求自己和他人呢？不如放下挑剔，通过各种途径来充实自己。真正明智的人，从来不会过度挑剔，他们懂得欣赏身边的人，让自己更加优秀，让自己活得更加快乐。

每个人都有着各自的优缺点，与其对对方的缺点百般挑剔，不如把时间省下来，多充实自己。做一个从优秀变为更加优秀的人，你会发现别人身上更多值得你学习的优点。

那么，如何远离挑剔呢？

1. 不能以要求自己的标准来要求他人

不同的人在性格、爱好、职业、习惯等诸多方面存在着很大的差异，对事物、问题的认识与理解也不尽相同。因此不要以自己的标准来要求他人，要承认个体的差异性，并能坦然地接受自己和他人的差异。不要企图去改变别人，你能改变的只有自己。

2. 不可吹毛求疵

金无足赤，人无完人。宋代文士袁采说过：“圣贤犹不能无过，况人非圣贤，安得每事尽善？”每个人都会不可避免地犯一些错误。这时不要大声指责，甚至让对方下不来台，而要做到宽容待人，多看别人的优点。

3. 不要怨恨他人

若他人未能达到你的要求或者做错了事情，切不可怨恨他人。因为怨恨不仅会破坏彼此的感情，而且会扰乱正常思维，使情绪急躁。凡事要多设身处地地为对方着想，这样就更理解对方的行为或者感情了。

别过分执着，心灵也需要喘息的机会

一个现代很知名的作家分享自己的成功秘诀。他将自己的成功归功于三个秘诀：第一是执着，第二也是执着，第三还是执着。台下有人问："还有别的秘诀吗？"在场的人都笑了。作家很风趣地说："问得好，可惜我没遇到！"然后他很认真地告诉提问的人："如果有第四，那就是放弃。"作家接着说："如果你坚持很久后仍无法获得成功，那么恐怕就是你的方向出了问题，或者是你的能力还无法实现这个目标，这个时候，放弃比执着更明智。这时，你就该重新审视自己，及时调整方向了。"

人们常常忙于追逐一些自认为美好的东西，却在不知不觉中失去更为珍贵的东西。不合时宜的执着会让人摸不着头脑，碰很多钉子，失去其原有的积极性，往往也会错过旅途中最美丽的景色。那么，我们为何不放弃过分的执着，坦然地面对生活呢？学会放手，学会变通，这样或许能让我们获得更多值得珍惜的东西，让心灵得到喘息的机会。

1. 学会放手

执着固然是一种精神，但在控制情绪方面，却并不是让人安心的智慧。如果在该放手的时候不放手，只会让自己身心疲惫。其实，很多东西都是可以放下的，只有拿得起，放得下，在该放手的时候放手，才能得到。因此，不论是做人还是做事，都不要过于执着，要懂得放手的智慧。

2. 学会变通

成功学说："没有做不到的事，只有不会变通的人。"在适当的时候放下执着，学会变通才能让自己拥有好心情，才能为自己不断赢得胜算。

生活中，那些能够取得成功的人都是信念坚定但懂得适时舍弃执着、善于变通之人。愚昧的人只知道固执地坚持自己的选择，即使知道自己的想法或者行动是错误的，也不撞南墙不回头；而智者懂得变通，不固执己见，不一成不变，懂得只有寻求变通，才能赢得未来。

世上万事万物都处于矛盾运动之中，有成功就有失败，有得到就有失去。该放手时就放手，放下所谓的执着，这才是人生明智的选择。

第10章

珍惜当下，凡事不抱怨才有好运气

怨天尤人，只会越活越痛苦

名利和财物，并不是越多越好，如果你在追求这些的时候迷失了自己，永不知足，过度痴迷，那你也不会真正快乐，所谓知足常乐，就是这个道理。如果，你看不到你拥有的那些美好的现在，你就会变得越来越暴躁、苦恼。许多时候，我们之所以感觉不幸福、不快乐，多半是由于我们的不知足。

傍晚时分，家家亮出温暖的灯光，一位年轻人坐在路边低声哭泣。此时，下班回家的老教授注意到了年轻人的异常，走上前去关心地询问原因。年轻人说："我投资失败、没钱、没工作、没脸回家。"老教授说："如果有人出一百万买你的双手，你卖不卖？"年轻人摇头；老教授又问："如果有人出一百万买你的双脚，你卖不卖？"年轻人依旧摇头。老教授接着问："有人出一个亿买你的头，你卖不卖？"年轻人很生气："你拿我开玩笑啊，我要是卖了我的头，我还有命吗？"老教授说："是啊，你现在有价值最少一百万的双手，一百万的双脚，还有价值最少一个亿的头颅，你怎么说没钱呢？我现在都想出上千亿买你的青春和未来的日子，可惜我老了，无能为力了。”

拥有既是财富，更是幸福，可生活中却偏偏有些人，对拥有的不知道珍惜，对没有的总在渴盼，而得不到的却又心生抱怨，像这种人是无法真正地享受生活的。所以，从现在开始，盘点你拥有的东西，并珍惜所有。

人之所以痛苦，就是因为追求错误的或者对自己而言不重要的东西。如果我们只是忙忙碌碌地追求而无视身边的美好，那么幸福也会远离我们。所以有时间静下来的话，不妨想想，什么才是你人生中真正需要的东西。只要我们珍惜拥有的，那么我们就是富有的、快乐的。

朋友们，过去的已经过去，现在的一切也终将成为过去，我们所能做的，只有珍惜现在拥有的，而不是沉湎于失去的。“塞翁失马，焉知非福”，也许我们正在失去的是现在短暂的欢乐，也许是未来长久的痛苦。习惯失去，珍惜拥有，不论是曾经、现在，还是未来。

人生没有彩排，每天都是现场直播。假如你经历过病痛的折磨，你就会认识到你往日拥有健康是多么的幸运与快乐，你就不再抱怨你缺失了什么。朋友，未来不可知，你唯一能做的是珍惜此刻生命中所拥有的一切，此时生命的意义会让你知道：请珍惜现在拥有的一切！

1. 不要过度地索求一些东西

我们总会索要很多的东西，无论是精神上的还是物质上的，有些东西要拿得起，放得下，有些东西得不到也不要强求，自己要懂得生活，才会觉得生活得很幸福。当你不幸福时，不要抱怨生活。只要没有太多的奢求，平淡的生活就是一种难得的幸福。

2. 停止对现实的抱怨

抱怨导致我们失去的不仅是勇气，还有朋友。谁都不喜欢牢骚满腹的人，怕自己受到影响。失去了勇气和朋友，人生会变得艰难，所以抱怨的人继续抱怨。他们不知道，人生有许多简单的方法可以快乐地生活，停止抱怨便是其中的真谛之一。

3. 羡慕他人，讲求“度”

不要羡慕别人，别人的幸福是别人的事，跟自己一点关系也没有，羡慕别人只会让自己越来越忧愁，越来越烦恼，越来越痛苦，然后开始自怨自艾，怨天尤人，逐渐磨蚀自己的优点，滋养嫉妒的情绪，衍生见不得别人好的心态，最后就会变成自己最讨厌的那种人。

面对不幸和挫折，以达观心态面对

幸福或不幸都是我们的内心感受，在人生拐弯处，等待我们的无论是幸福还是不幸，我们都应该用一种明智而坦荡的态度从容面对。

蔡雨有一次和一个客户在谈项目时，谈得非常投机，对方突然决定立刻签订合同。可当时再通知上级主管已经来不及了，于是，蔡雨出面与对方签订了合同。

其实细算起来，那应该算是一笔大单。但后来公司却以她擅自越权为由，向她提出了解约。当时蔡雨无法理解为什么自己为企业带来了这么多的效益却仍得不到信任。

后来，蔡雨从侧面了解到：由于她的能力很强，她在公司内部的对手向上级主管打小报告，说她与客户私下有金钱交易。而这次她与客户签订合同，让本来疑心就重的经理下决心“炒”掉她。

对这个决定，蔡雨非常气愤。但冷静下来后，她认为自己在这样的领导手下和企业环境中工作，对自己未来的发展会非常不利，这次的离职其实也是自己重新发展的一个大好契机。只是如果是以自己被“炒”为结局，实在不甘。于是蔡雨找到公司，要求由自己提出辞职。

之后不久，蔡雨就经过努力找到了一份更好的工作。

有些人在遭遇不幸后，一些不良的想法便产生了：这不是我能做到的，我再努力也于事无补！一旦这些想法成了你的信条，那么外在的行为和效果便会真如你所愿。再遇到挫折，心情便会被乌云笼罩着，难以再有继续前进的力量，甚至终其一生，都可能暗淡无光。

人生路漫漫，什么事情都有可能会经历，其间那些困境就容易对人造成一种身处逆境的消极心理，使自身产生沉重的思想负担和精神压力。其实，当不幸降临或境遇不佳的时候，我们不妨做个乐观者。

1. 做一个心境坦然的人

坦然蕴涵的是坚实的、无可比拟的力量，是一种对生活巨大的热忱和信心，是一种高格调的真诚与豁达，是一种直面人生的勇气与宽心的智慧。境由心生，境随心转，我们内心的思想可以改变外在的容貌，同样也可以改变周遭的环境。

2. 敢于承担，不逃避责任

事情的发生，都有一定的原因。很多时候，我们无法也无暇追究原因，唯有面对它、改善它，才是最要紧的。也就是说，当遇到任何困难、艰辛、不平时，都不要逃避，因为逃避不能解决问题，只有用我们的智慧和勇气把责任担负起来，才能从困扰中真正获得解脱。

3. 千万不要失去信心和勇气

不幸并不会致命，致命的是失去信心和勇气。在不幸中，唯有坚强可以挽救自己的生命。不要没有输给命运，反而输给了自己。生命是脆弱的，但只要不自我放弃，不失去信心气和勇气，永远都有机会从头再来。

4. 要坚守住对明天的美好期望

在直面不幸时，让自己坚守对明天的期望，绝非廉价、自欺欺人的乐观主义，而是一种积极的人生态度。当我们可以正视不幸、明白不幸的真实含义时，我们才有机会从不幸中学习到更多，并逐渐成长。

有的人之所以过得幸福，是因为他们会善待自己。人生总会经历很多失败、挫折、痛苦和折磨，这个时候不要把心灵闭锁起来，也不要让它布满阴云，要珍惜生活中一切美好的东西，并且要懂得享受这些美好，让自己的心灵得以净化。

患得患失，只会让你疲于奔命

曾有人说："如果你不懂得悲伤，你就不曾真正懂得快乐。”的确如此，只有经历了痛，才能真正明白快乐的内涵。得与失也是这个道理。人的生命旅途中总会面对种种得失，鱼和熊掌不可兼得时就要权衡轻重，得其所重，失其所轻，只有认清了这一点，才不至于因为失去而后悔，才能生活得更快乐。

夏朝时期的后羿是当时一个诸侯国的国君，也是天下闻名的神箭手。据说，他箭无虚发，每矢俱中，有着百步穿杨的本领，无论是立射、跪射还是骑射，都百发百中，从来没有失过手。他的名声很大，后人津津乐道的《后羿射日》的神话故事就是以他为原型的。

夏王听说他的事迹后，想看一下他的箭术，于是在后羿朝见的时候把他带到了御花园里。御花园里有一个木制的箭靶，靶心大约有一寸见方。夏王让后羿看了一下箭靶，就说：“寡人早就听别人说爱卿的射箭技术天下第一，只是无缘亲见，今日不知爱卿能否在寡人的面前展示一下你的本领啊？”

夏王说话虽然比较客气，但却是在命令，于是后羿就答应了。正当他准备好射箭的时候，夏王又对他说：“人们常说‘君使臣以礼’，寡人应该对你以礼相待。这样吧，只要你能够射中靶心，我就赏给你一万两黄金；如果射不中，就削减你一千户封地如何？”

后羿答应了。他从箭囊里取出一支箭，搭上弓弦之后，就开始瞄准靶心。不过，他在准备射箭的时候心里突然有了害怕的情绪：“这一箭关系重大，如果射不中，非但赢不了一万两黄金，还要削减一千户封地，更重要的是，失败之后，事情如果传了出去，我就会在各诸侯面前抬不起头来。”后羿越想越害怕，越害怕心里就越紧张，越紧张他的手就越发抖。他瞄了很久之后，还是怀疑自己是否瞄准了靶心，于是就反反复复地进行撤弦搭弦，如此三番几次之后，他才勉强将箭射出。结果，箭射出之后，落在了离靶心较远的地方。后羿很狼狈，只好重新取箭，再次射击，但是此刻他又急又怕，额头上渗满了汗水，射出的箭离靶心就更远了……

后羿只好满面羞愧地收起弓箭，哭丧着脸向夏王告辞，随后逃也似的离开了王宫。看着他远去的身影，夏王疑惑地问身边人：“你们不都说他是一个百发百中的神箭手吗，怎么一次也没有射中啊，难道他只是个浪得虚名的家伙？”

在做某件事情前，人们如果太过在意事情的结果，就会疏忽事情的本身。人们越是不停地告诉自己一定要成就某件事情，越是容易南辕北辙，偏离预定轨道。人们总有患得患失的心态，而正是这种心态使人们走向失误与失败。

患得患失的人通常是这样的：他们每天能想到的就是一些鸡毛蒜皮的琐事，并为此烦恼不安。他们整个人神经兮兮，心中永远布满了疑虑："我到底该怎么办？"哪怕只是跟某一位同事擦肩而过，微笑的尺度把握得不够好，都足以让他惴惴不安。

患得患失的人总会活得非常犹豫、迷茫、疲惫，因为他们的心都是凌乱的，他们的情绪都是压抑着的，他们总是在徘徊中变得神情恍惚。相反，那些不计较得失的人，总是每天活得很洒脱，因为他们能拿得起放得下，他们的生活很简单，不想过得如此沉重，所以他们更快乐。相比之下，我们不难得知后者的人生智慧。

做一个不患得患失的人，你需要牢记以下几点：

1. 做事不要优柔寡断

优柔寡断的人总是徘徊在取舍之间，无法定夺。这样就会使本该得到的东西，轻而易举地失去了；本该舍去的东西，却又耗费了自己许多的精力。而时机是不等人的，其实人生在很多时候，只有及时抓住机遇，竭尽所能地去努力，才能取得成功。

2. 有一颗知足的心

每一个人都要学会比较，通过比较得到良好的心境。正确的、乐观的比较应该是自己和自己比，把自己的今天和自己的过去比。只要努力过，且通过努力进步了，收获了，即使比不过他人，也不要过度自卑、难过，因为每个人的基础不一样，条件不一样，经历也不一样。

3. 不计较得失

不应该为表面的得到而沾沾自喜，也不要为虚假的东西所迷惑。一时失去固然可惜，但也要看失去的是什么，如果是自身的缺点、问题，那么这样的失去又有什么值得惋惜的呢？

遗憾并不是绝对的一无是处，它也有属于自己的美，就像残月，就像断臂的维纳斯，仿佛正因为遗憾，它们变得更生动、迷人。但总有人想不开，他们怨叹那些失去，更加渴望那些得不到的，因此生活中充满了缺憾，也充满痛苦。

不要给抱怨任何滋生的机会

抱怨，可以说是人们生活中的一部分，而且在不断地影响着我们的生活。卡耐基说："在地狱中，魔鬼为了破坏爱情而发明的所有成功的恶毒办法中，抱怨和唠叨是最厉害的了。它永远不会失败，就像眼镜蛇咬人一样，总是具有破坏性，总是置人于死地。"事实的确如此，我们的身边总是有那些爱抱怨的人，不是爱抱怨别人，就是抱怨自己。抱怨自己的人还经常执迷不悟，一旦有这种情绪，就不知道珍惜眼前的行动，而是开始消沉，不再振作，让抱怨在心里恣意生长，并任由它毁掉自己。在工作中，我们也许遇到过类似的状况。

周婷婷是技术出身，与现在已经当上总经理的一个同事是同学。当初总经理“几顾茅庐”才把她从外资企业请过来，让她主要负责公司的技术研发和销售。来到公司后，周婷婷开始大刀阔斧引进新技术，工作做得有声有色，很快就初显成效，公司发展迅速，很快就被一家知名外企并购。她从原来的技术部负责人升职为副总经理，被委以重任。当然这也意味着更大的责任，公司要求她引入外资企业先进的管理方法，全面负责公司运营。

自从担任副总经理后，周婷婷觉得自己的情绪随时可能会爆发。公司搬迁选址，既要经济实惠又要交通便利；购置办公设备，既要控制预算又要设备先进。特别是前一段时间，由于产品调整，旧产品被出售给其他公司，一批员工要被裁掉，周婷婷整天陷入经理会议和员工的抱怨中，她的职业成就感完全被“怨气”吞噬，她感到不安。为了摆脱被抱怨的处境，周婷婷耐心地倾听、忍受，然后开始耐心地解释。结果，换来的却是更多的不满和抱怨。最后，周婷婷也开始抱怨了，抱怨左右为难、员工太麻烦、老板根本不听别人的意见、公司缺乏人文关怀。周婷婷也由原本怨气的“受害者”转变成一个完全的怨气“发泄者”。

她也开始抱怨，工作无法集中精神，听着越来越多的抱怨声，她也没有什么解决的办法。甚至，总经理都找到了她，说她没有处理好公司与同事之间的利益关系，工作表现也不突出，让她自己多注意一点。

如果是我们遇到这样的状况，该如何做呢？抱怨具有很强的传染性，我们的身边可能有很多抱怨的人，他们无时无刻不在影响着我们，使内心潜藏的怨气被激发出来，让自己也成为抱怨大军中的一员。周婷婷就是这样的人，在同事的抱怨声中，她不知不觉地被影响，成为一个不折不扣的抱怨者，生活和工作都变得一团糟。

抱怨并不是生闷气！

那么，怎样来对待心中的怨气呢？

1. 不要计较太多

生活中确实有很多小事让人感到苦恼和无奈。如果我们抓住这些小事紧紧不放的话，那么这件小事在无形之中就被放大了，加重了自己内心的负担。人生其实很简单，不要再因计较而生气。许多事情，全看自己，能看开最好；若看不开，终归也要熬过去。当你把这些事都熬过去时，你也终将获得成长。

2. 换个地方静一静

抱怨易使我们丧失理智，因而闯下无可挽回的大祸。所以当发觉自己已经忍无可忍时，最好立刻设法离开，可以到外面放松一下，或是回到房间躺一会儿，或是去逛逛街，到各种娱乐场所去玩玩，适当放松一下，舒缓一下情绪。当你恢复平静的心情时，你就能更客观、更理智地做出决定，完美地解决问题。

人生短暂，与其满怀怨恨地度过一生，不如改变自己，改变自己的世界，适时宣泄自己的怨气，你的人生将会呈现另一番景象。你可以用自我抒发的方式对着自己说一通，可以是倾诉，也可以是发牢骚，缓解自己的怨气，让精神放松。心中的不快缓解、消释了，心境宁静了，你的生活就会更美好了。

一味地抱怨，将感受不到任何美好

有些人非常喜欢抱怨，他们抱怨社会不公，抱怨家庭不和，抱怨工作不顺，抱怨遇人不淑……他们的抱怨很多，感觉只要进入他们生活的人或事都不能如他们的意愿。其实这些抱怨不仅伤了他们自身，还会伤害他人。所以，我们要抛开抱怨，化解不满。这样，我们才会明白，原来生活是这样美好。

李刚是一名修理工，在一家汽修厂工作，刚来这家工厂的时候，他们兄弟几个人都还打算着好好积累一些经验，学好本事自己干。可是在工作的第一天，李刚就受不了了，一直在抱怨，“这工作太难受了，脏兮兮的，这一会下来，我浑身已经脏得没法看了”“可把我累死了，这种工作简直是烦死人，整天做这些有什么意思”……每天，李刚都是在抱怨和不满的情绪中度过的，他认为自己在受煎熬，在像奴隶一样卖苦力。因此，李刚每时每刻都窥视着师傅的眼神与行动，稍有空隙，他便偷懒耍滑，应付手中的工作。

就这样，时间在抱怨中一天天过去，李刚在这里混日子已经两年了。当时与李刚一同进厂的三位朋友，各自凭着精湛的手艺，或另谋高就，或被公司送进大学进修，独有李刚，仍旧在抱怨中做他讨厌的修理工。

面对已经存在的问题，如果你无法抑制住内心的抱怨与悔恨，那么请问问自己：此时我能怎么办呢？当你发现自己绝对没能力改变时，你就自然会安心地接受它。当我们接受了眼前的事实时，我们自然就不会去抱怨了。

由于经济危机，公司要裁员，张扬和郑凯都被列入了被解雇的名单。按照公司的规定，被解雇的人员第二个月必须离开公司。张扬回家之后，发泄了一通，第二天到了公司，他逢人就抱怨："我平时在公司这么卖力地工作，这下可好了，最能干的却要被辞掉，这算什么世道啊？"他的抱怨声越来越大，说的话越来越过分，甚至有些话的言外之意是，他之所以被裁员，是有人背后打他的小报告。而且他还把宣泄不完的愤怒都发泄在工作上，该他负责的工作他故意拖延，甚至有很重要的文件他也不认真处理。郑凯和张扬的遭遇是相同的，但是两个人的态度却是截然不同。郑凯虽然心情也很沉重，但毕竟这是自己工作了多年的公司，都有感情了，而且公司给他的待遇也不错，所以他没有向任何人抱怨，他想自己离开之前能为公司多做点儿什么就做点儿吧。于是他暗下决心，先做好手头的工作，再去寻找更好的发展机会。在公司里，他在工作之余也会和同事们表示大家以后不能再在一起工作之类的遗憾，并且他还主动搞好交接工作，以免自己走后给他们带来工作上的不便。一个月过去了，公司却只通知张扬一个人离开公司，人事主管的解释是："公司准备多留一个人，郑凯在要被解雇的情况下仍然能够坚守自己的岗位，能尽职尽责地完成自己的本职工作，公司需要的就是这样的员工。"

如果看到的是快乐，生活中便充满快乐；如果看到的只有不幸，生活就会变得不幸：一直着眼于自己的不幸，那么生活自然难以顺利继续。抱怨是一种习惯，习惯于抱怨就只能将自己束缚在不幸当中。多注意生活当中的美好，自然就能挣脱抱怨的枷锁，过得轻松自在一些。

在我们追求幸福的道路上，总是会出现这样那样的挫折和挑战，让我们感到不如意。在面对这些事情的时候，抱怨是没有任何积极意义的，它不但解决不了任何问题，而且还会带来一连串的负面影响。甚至到最后，经常抱怨的人就成了抱怨的受害者。那么，怎样才能摆脱自己的抱怨情绪，做一个积极向上的人呢？

1. 用感恩的心看待生活

人生在世，总要经受很多折磨，承受各种苦难。其实换一种眼光看世界，这些折磨对人生并不是消极的，反而是一种促进人成长的积极因素。用感恩的心面对所遭遇的一切，反而最后成就了自己。我们要培养自己博大的胸怀和仁爱的精神，感谢折磨自己的人和事。

2. 宽容是一种人生境界

心理学认为，一个能有效阻止抱怨发生的办法，就是要有宽容之心。宽容是一种无私的行为，宽容是一种高境界，宽容也是一种给予。如果在生活上工作中能对自己的家人、朋友、同事和上司给予更多的理解和宽容，那必然也会得到其他人的帮助。

3. 多反省一下自己

遇到一点小事就抱怨，难道真的全部都是别人对不起自己吗？自己是否哪里做得不够好，哪里需要提高呢？这些问题，你是否注意过？所以说，没事的时候或者是晚上休息的时候，多想想，自己哪里需要改进，自己有什么地方做得有失妥当，与其抱怨他人，不如提升自己。

其实，那些爱抱怨的人并不是不优秀，也并不是能力不强，只是他们的情绪比较消极而已，但是这样的人却是令人非常反感的。因为，抱怨不仅对自身身心有害，还会感染到他人，以致影响周围的气氛。抱怨就像用烟头烫破一个气球一样，让别人和自己泄气。谁都不愿靠近牢骚满腹的人，怕自己也受到传染。

第11章

学会忍耐，人生因忍耐而豁然开朗

甘愿忍让是一种大气

早在几千年前，孔子就曾经说过：“小不忍则乱大谋。”孟子也曾说过：“天将降大任于是人也，必先苦其心志，劳其筋骨，饿其体肤。”孔子和孟子都说了忍让在我们生活中的重要作用，如果没有忍让，冲动势必让我们的生活陷入阵阵混乱之中。

人和人之间存在着不同的利益，这也就导致人们在相处的过程中必然会立场不同，甚至产生很多矛盾。在矛盾发生的时候，我们应该本着忍让的原则，尽量和平地解决问题，一时的冲动不管对于矛盾的哪一方而言，都是百害而无一利的。在数千年的生活中，人们总结出了宝贵的经验，例如，“忍得一时之气，免得百日之忧”“忍一时风平浪静，退一步海阔天空”。很多时候，生活中的小矛盾根本无须上升到原则性的高度。只要双方忍一忍，让一让，很多事情就不会发生了。在生活中，我们经常看到一些人为了鸡毛蒜皮的小事先是产生口角之争，接着又发生了肢体冲突，最终甚至伤及性命。事情如果发展到这个地步，任何人都占不到任何便宜，甚至还会殃及无辜的家庭。

要想学会忍让，我们首先要宽容大度。只要凡事都往长远处看，不为眼前的蝇头小利斤斤计较，我们就能跳出思维的怪圈，学会宽容别人。其次，不管什么时候都要保持理智，只有理智，才能避免我们做出冲动的举止，也才能防止事态进一步恶化。忍让是一种美德，具有这种美德的人才能拥有豁达大度的人生。

人生天地宽，只有心胸开阔了，境界提高了，我们才能做到真正的心甘情愿地忍让。

海纳百川，有容乃大；壁立千仞，无欲则刚。忍让是一种美德，是一种高尚的境界，是一种无私的胸怀。能够做到真正忍让的人，必然有着更加开阔的人生道路。

忍一时风平浪静，退一步海阔天空

生活总是充满着各种各样的惊喜和惊吓，以及诸般不如意和“柳暗花明又一村”的转折，在它们没有真正发生之前，我们往往很难判断自己所面对的境况到底属于哪种。这时，适时适度的忍让就显得很重要了。假如一遇到状况就爆发，那么，我们非但无法把握可能即将到来的机会，甚至还有可能失去原本拥有的很多东西。人们常说，冲动是魔鬼。这是有一定道理的。每个人都应该学会忍让，因为忍一时风平浪静，退一步海阔天空。

从古至今，忍得一时的屈辱而换来人生成就的人不在少数。例如，张良忍让得兵书从而成为一代良将，韩信忍得胯下之辱才能日后成才，勾践能屈能伸甘心为奴才有机会为国雪耻。其实，现代人也不例外。在生活和工作中，如果有了委屈，千万不要突然爆发，要知道，很多时候你的眼睛看到的未必是事实，你的耳朵听到的未必是真相。当务之急，就是要保持头脑的冷静，用一颗理智的心来面对问题，处理问题。这样，你的人生必然因为你的宽容隐忍而豁然洞开，使你远离误会与烦恼，迎来人生的春天。让我们以史为鉴，看看古人是如何靠忍耐换取成功的。

张良是刘邦手下的良将，他之所以能够留名天下，与一本偶然得之的兵书是分不开的。

张良从小就忠厚守信，勤奋好学。在兵荒马乱之际，他逃到下邳避难。一年的秋天，张良因为读书太累了，所以去桥上散步，在桥上遇到了一个老头。张良刚刚过桥，老头就突兀地喊道：“小孩别走，请你下去帮我把鞋拾上来。”张良看到老人年纪确实很大了，就一语不发地下桥帮老人把鞋子拾了上来。不想，张良刚刚走了几步，老人又喊道：“小孩，你再帮我把鞋子穿上吧。”老人的态度一点儿都不礼貌，张良心中有些不悦。但是他转念一想，老人年纪都这么大了，帮他穿鞋也没什么。因此，他回转过来，恭顺地帮老人把鞋子穿上了。

张良走了老远，老头又在身后喊道：“喂，小孩你赶紧回来。”张良心里直犯嘀咕：这个老头又有什么事？但是他忍住心中的不耐烦，回到老头面前问：“老人家，你的鞋子是不是又掉了？”

“不是的，”老头说，“我看你孺子可教，想教你点儿本领。明天早晨，你在这儿等我。”

“真的吗？”张良高兴地问。

“当然是真的。一言为定。”老头斩钉截铁地说。

次日清晨，天刚蒙蒙亮，张良就来到了桥上。不想，老人已经先到了。老人说：“你怎么才来呀！今天太晚了，你等明天再来吧。”说完，老人就扬长而去了。

第三天清晨，天还没亮，张良就来到桥上，但是老人还是来得比张良早。看到张良姗姗来迟，老人不悦地说：“你怎么还是这么晚才来呢！”说完，老人头也不回地走了。张良心生惭愧，他决定明天一定要早早地来。

当晚，张良没有再睡觉，而是点灯夜读，刚刚半夜就摸黑去桥上等老人。张良等呀等呀，等了很久很久，一直快到天亮了，老人才远远地走来了。看见老人来了，张良赶紧起身上前施礼迎接。老人看到张良虚心求教的样子很满意，拿出一本书给张良说："你把这本书拿回去认真地读一读，将来必能定天下乱世之秋。"说完，老人把书交给张良。张良对老人感激不尽，追问老人的尊姓大名，老人边走边摆手说："我姓黄名石，在济北谷城山下住。"渐渐地，老人的身影消失了……

原来，老人给张良的这本书是《太公兵法》。张良把书拿回家后勤奋苦读，认真琢磨，并掌握了书中的精髓，最终成了刘邦手下杰出的将才。

如果不是因为忍耐，张良就无法从老人手中得到这本珍贵的《太公兵法》，也就无法成为一代良将。虽然我们不是张良，也未必有机会得到失传已久的兵书，但是，生活中的机会无处不在，我们只有学会宽容地对待别人，才能够使自己的人生得到更多的机会。

忍，能够使我们获得很多机会，使我们的人生豁然洞开。

谦卑一些，方能成就自我

鲁迅先生曾经说过这样一句话："劳谦虚己，则附之者众；骄慢倨傲，则去之者多。"就是说做人要谦卑一些，方能成就精彩人生。民间有句谚语："低着头的是稻穗，昂着头的是稗子。"这就是说，越成熟的稻穗，越是谦卑，而那些稗子却喜欢高昂着头显示自己的无知。大哲学家苏格拉底曾说："天地只有三尺，高于三尺的人要想长久立于天地之间，就要懂得低头。"日常生活中，我们应该学会适时地低头，学会放下身段，时刻反省自己，发现自身的不足，接纳自己的缺点。懂得低头也是一种人生境界。

富兰克林年轻时，曾专门拜访过一位德高望重的老前辈。当时的他心高气傲，在进门时只顾着昂头而撞到了头，疼得他一边用手揉搓头部。一边看着比他身子矮了一大截的门。这个时候出来迎接他的老前辈笑着对他说："碰得很疼吧！可是，这将是你今天最大的收获。人生在世，每个人都必须记住：该低头时就低头。这也是我想要教你的事情。"后来，富兰克林时刻牢记着在这个前辈面前所学的道理，而且把它作为自己一生的生活准则之一。这一收获对他日后取得卓越的功勋功不可没。

有的人不屑低头，一直奉行“宁为玉碎不为瓦全”的精神，最后迷失了自己，伤害了他人。若学会低头，生活将会有翻天覆地的变化。当然，我们所说的低头也并不是毫无原则的。低头是一种能力，若我们学会了低头，知道虚心向别人请教，不仅能赢得他人的好感，还能不断充实自己的知识，提升自己的道德修养。是金子总是会发光的，即使一时蒙尘，也总会绽放出属于自己的光芒，令世人瞩目。而那些骄傲自大还没有真才实学的人，不仅很难获得身边人的尊重，还会让别人越来越疏远他们。

雷墨曾经说过：“低头是需要勇气的。”的确是这样，否则怎么会有明知该低头但还是执迷不悟最后失败的人呢？纵观历史长河，因为不懂得低头，最终和成功失之交臂的例子不胜枚举。在我们的身边，这样的例子也有很多。做到低头固然很困难，但在现实面前低头，人生才能大有突破，要懂得适时地低头，要知道谦卑是一个人走向成熟的标志。

罗曼·罗兰说：“没有伟大的品格，就没有伟大的人，甚至也没有伟大的艺术家，伟大的行动者。”若想使自己拥有高尚的品质，在追梦的路上从容地到达成功的彼岸，我们就应该学会谦虚、谦卑。

1. 认识自己、反省自己

人生在世，要学会反省自己，以人为镜，找出并克服自己的缺点，发挥自己的优点，注意采纳他人的意见，不固执己见，这才是明智的选择。

一个人若不懂得自省，他就看不到自身的不足，更不会加以改正。反省能帮助我们更好地了解自己，养成谦卑的好习惯。

2. 找准自己的位置

人生在世，我们每一个人都应该找准自己的位置，不过分看重自己的价值，也不妄自菲薄。明智的人会清楚自己的位置，会在自己的位置上发光发热，克服自己的缺点，不断成长，这些人懂得谦虚做人的道理；而有的人终其一生都没有找准自己的位置，他们不自知，做事缺乏分寸，很容易自负，和谦卑相距甚远。所以，我们想要成为一个谦卑的人，应该学会找准自己的位置。

3. 尊重别人

尊重是一种美德，古往今来，它给人以谦卑和恭敬。懂得尊重他人是一种十分高尚的品德，也是人们走向成功的关键。一个懂得欣赏、尊重他人的人会过得更加愉快，也会获得别人的尊重。

古语说得好：“登高自卑，行远自迩。”这是人生的哲学。日常生活中，人要学会谦卑，不要总是争强好胜，不要非得和别人争个高下，而应该在适当的时候懂得低头，退一步海阔天空。用一时的低头，迎来好运气。

学会忍耐，化解矛盾

忍耐是一种智慧，也是一种艺术。而忍耐也是暴躁的天敌。生活中让我们变得暴躁的事情有很多，为了一件不值得的事情去暴躁，去发脾气是十分不值得的。如果我们学会忍耐，那么就能让事情向好的方向发展，让很多矛盾消失于无形。而暴躁，只会让事情恶化，给我们带来很多麻烦。

公共汽车上，一位青年随意往地上吐了一口痰，这一幕恰巧被车内的售票员看到了。售票员微笑着说："各位乘客，为了保持车内的清洁卫生，请不要随地吐痰。"让人万万没想到的是，那位青年不仅没有露出任何羞愧的表情，反而又吐了一口痰，甚至开始破口大骂。

那位售票员被气得面色涨红，两眼瞪得溜圆，双手握着拳头，捏得手指咔咔直响。车上的乘客议论纷纷，大家都在讨论售票员会如何做。有的觉得售票员会大打出手，有的觉得他会上去理论。大家都关心事态如何发展，甚至有人悄悄地移到车门处，准备车门一开立马离开这个是非之地。没想到那位售票员深吸了一口气，松开拳头，平静地看了看那位青年，对大伙说：“没什么事，为了大家的安全考虑，请大家回座位坐好。”他一边说一边弯腰将地上的痰迹全都擦掉，扔到了垃圾箱里，然后若无其事地继续维持车内秩序。

大家都被他的这一举动感动了。车上顿时变得鸦雀无声，那位青年突然不知道要说什么了，脸上也开始变得不自然。下一站车刚一开车门，他就急忙跳下车。车刚刚起步的时候，那位乘客还在路边来了句：“这乘务员！我太佩服了！”车上的人都笑了，七嘴八舌地夸奖这位售票员不简单，真能忍，虽然骂不还口，却将那个浑小子制服了。

售票员面对辱骂，如果忍不住和那个青年争辩或大打出手，只会让事情更加糟糕；和他大吵，会破坏售票员的公众形象；而沉默不语，又不能让青年意识到自己的错误。售票员请大家回座位坐好，既表现出对乘客的关心，又化解了这尴尬的氛围。售票员最终无声息地将痰迹擦掉，虽然他没有说任何话，但他的行为却比语言更具有影响力。

现实生活中，我们也会遇到很多的挫折和困难。期望家庭和谐，却难免有小摩擦；为了美好的明天努力工作，也可能遭到他人的嫉妒……生活中的这些不顺利的事情，往往检验着一个人的道德修养。忍耐正是一种道德修养。学会忍耐，这看似很容易的事情，却有化解人与人之间矛盾的作用。既然已经认识到忍耐的重要作用，我们为什么不多多运用忍耐的力量呢？

1. 正确看待挫折

在生活中遇到挫折是不可避免的，关键在于怎样正确对待挫折。比如，在公司升职竞争中落选了，如果因此而大发脾气，同事们会避而远之，但如果你能诚恳地承认自己的不足并发扬自己的优点，改正自己的缺点，你肯定会博得大家的赞扬。等下一次竞选的时候，大家一定会想起你之前的所作所为，你成功的几率也就大大增加了。

2. 体验艰苦劳动

“自古英雄多磨难”，抗挫折能力要在挫折中锻炼。体验艰苦的劳动不仅能锻炼我们吃苦耐劳的精神，还能培养我们忍耐的能力。你还可以通过跑步、打羽毛球等需要耐力的运动方式来锻炼自己。

忍无可忍，尝试再忍。将暴躁和怒火拒之门外，或许你会收获一份意想不到的惊喜。忍耐是舍我其谁的勇敢承担，是以退为进的智慧，是静静的等候。当我们选择忍耐的时候，暴躁就会自动消失，因为心一旦静下来，暴躁自然就无所遁形了。忍耐和暴躁就是白天与黑夜，当你选择了阳光灿烂的白天，黑夜也就不会出现了。

直面痛苦，让自己更强大

谁也无法避免悲剧的发生，比如我们遭遇了疾病、意外，失去了健康、失去了财产等，会自责、后悔、抱怨，在痛苦中纠缠不休。

痛苦可以锤炼出锋利之剑，痛苦可以完美生命，痛苦可以让卓越者更加卓越。与其说痛苦是敌人，还不如说它是朋友，它让你坚韧，让你清醒，让你从无知走向博学。痛苦是最回味无穷的一剂良药，它治愈了拖延、懒惰、恐惧、虚伪和邪恶……这需要内心深刻的反省。

对于苦痛，一味逃避是无用的，你要做的是敢于面对。因为有它，你的人生才充满各种可能；因为有它，你才能被磨炼得更为强大。学会迎接痛苦、面对痛苦、化解痛苦，将痛苦转化成支撑人生的脊梁。

1. 敢于正视困难

我们会遇到各种各样的不幸，但是，一定要学会如何去战胜困难，去享受这份痛苦的价值。其实，有很多伟人都是在穷苦家庭出生，在生活中经历了种种磨难，最后才成就了自己的伟业。所以苦难是人生成长的一个必经过程，一定要正视苦难。

2. 微微一笑是一种处事良方

有人说，处世的方法，就是“微微一笑”，而想要活得幸福、活得健康、活得快乐，最好的方法，就是“笑”。笑，是日常生活的安全阀，它可以减轻或除去有损健康的不良情绪；它让我们怀有与人为善之心；它让我们在沉重的压力下得到休息……

3. 保持一份淡泊的心境

这个世界上有多少诱惑，就有多少欲望。一个人要以清醒的心智和从容的步履走过岁月，他的精神中必定不能缺少淡泊。淡泊是一种境界，更是人生的一种追求。虽然，我们每个人都渴望成功，但我们更需要的是一种平平淡淡的生活。

想要活得精彩，你就要做好时刻与困难做战斗的准备。经历过风雨的人生更值得骄傲，成就感也就越大。早一些懂得挫折和痛苦是人生的际遇，当痛苦和挫折到来时，才不会措手不及。这样，我们便会早一些坚强起来、成熟起来，以后的人生便会少一些悲哀气氛。

困难与逆境，是上天对你的考验

要明白，真正能检验一个人能力和素质的便是挫折，看挫折能否唤起他更多的勇气；看挫折能否使他更加努力；看挫折能否使他发现新力量、挖掘潜力；看他经历挫折以后是更加坚强还是就此心灰意冷。

杨海燕和王钰是大学时的同学，她们俩的友谊很深，而且学习成绩都很优异。大学毕业后，她们各自都找到了合适的工作。可没过几年，两人的情况却发生了很大的变化。杨海燕在职场上简直春风得意，而王钰却面临着失业。

杨海燕毕业后，在一家公司担任销售。对她来说，这是一份很有挑战性的工作，杨海燕永远也忘不了第一次面对客户时的场景。她走访了很多写字楼，被保安硬生生地拦住无数回。可杨海燕并没有灰心，她知道这些对销售人员来说都是常有的事情，不能因为眼前的阻碍就放弃。她曾经在一个又一个的办公室里推销公司的产品，尽管那些办公室里的白领连看都不看她一眼就让她出去，她都奇迹般地坚持下来了。

无论是面对友善的客户还是凶恶的客户，杨海燕始终能保持微笑，努力地博得别人的好感。她的努力没有白费，一年下来，因为工作表现突出，她被提升为公司销售部经理。

而王钰的情况不同，她毕业后进入了一家外资企业，与杨海燕相比，她要幸运得多。一开始王钰对工作充满热情，希望能做出一番成就证明自己的能力。但不幸的是，因为她的一次疏忽导致公司的利益受到损失，上司对此很不满所以批评了她。此后王钰就变得消极怠工、郁郁寡欢起来。她觉得自己运气不好，那么多人不犯错偏偏自己犯了错。在挫折面前，王钰不是积极进取努力弥补自己的损失，反而是破罐子破摔，自己否定了自己。

因为这种悲观情绪，王钰对工作总是心不在焉，上司交代的事情总是马马虎虎将就对付过去，一天到晚无精打采。上司看到王钰这样的表现，更加不信任她，对她也越来越不待见。

对比这两人的遭遇，在人生的不如意面前，杨海燕坦然面对，鼓起勇气对工作负责到底，因而赢得了上司的赏识，终于守得云开见月明，成了销售部经理。而王钰却在挫折面前一蹶不振，结果状态越来越差，最终走到了失败的边缘。

挫折，是人类生命中无法避免的，悲观的人只能看见乌云密布，乐观的人却能看见成功的道路。不经历风雨怎么见彩虹，我们只有正视挫折，生命才能发光发热，人生舞台才能更加精彩！

生活中，无人愿意遭受不好的事情，但是，生活并不是按照我们的想法来安排进展的，是好是坏，都需面对。与其唉声叹气，不如付出行动做点实事，努力去改变现状。当生活展露出它严酷的一面时，与其消极逃避、怨天尤人，不如积极地去面对，认真走好脚下的路，不空想、奢望未来，踏踏实实、认认真真地活在当下，以积极的心态面对挫折。

1. 保持乐观的心态

乐观是战胜挫折的催化剂。没有人可以不经历挫折而成功，也没有人能够保证成功之后不遭遇意外。我们无法改变挫折，但是我们可以改变对挫折的态度。这样挫折就有了正面价值。

2. 懂得选择

生活就是这样，总想美好的事情，你就会找到快乐，走向成功；总想失意的事情，就会走向失望的深渊。一定要记住，你有选择的力量。选择健康、快乐和幸福，你的潜意识就会接受，并使你成为这样的人；选择做一个健康、快乐、友善的人，整个世界就会做出连锁反应。

3. 带上百倍的信心一路相伴

办法远比困难多，我们要对自己充满信心，因为有信心才会有挑战的勇气和力量。或许你的成绩一直非常优秀，如果偶尔出现滑坡，你也不要自暴自弃，你要做的就是从中吸取教训，然后带着最饱满的斗志和信心迎接下一次的检验。

“宝剑锋从磨砺出，梅花香自苦寒来”。没有人生下来就是成功的，成功来自一次次的磨炼与抗争，成功是在苦难中锻造出来的。真正地理解这些苦难的意义，才能敢于直面惨淡的逆境。逆境是上天赐予你的礼物，虽然外表可憎，但是金玉其内，不要拒绝，勇敢地接受它吧，坦然面对挫折和逆境！

第12章

给自己积极的心理暗示，让坏脾气远离你

与其生气，不如争气

失败和失意是我们生活中常见的，有的人在面临失败时会气得捶胸顿足，似乎自己不应该遭受这样的待遇，其实，他之所以会生气，是因为丧失了激情与动力，他已经失去了成功的必备条件。有人说："生气是无能的表现。"这样看来，生气的确是一种无能力的表现，对此，我们需要练就"精气神"，点燃激情，让自己时刻充满活力，这样，我们就不会生气，而是化生气为动力。

谁能想到，鼎鼎大名的英国首相丘吉尔也曾遭遇过失败，但是，面对自己的落选，丘吉尔没有表现出自己的不满，而是显得更从容、更理智，那份激情与动力也成为其坚实的基础，后来，他当然获得了成功。一个国家的总统能做到如此的心境，更何况是我们普通人呢？失败并不可怕，可怕的是你那消极的情绪和不振的心态。面对失败，只要我们练就强有力的精气神，心中怀着对未来的激情，以及理想激励下的源源不断的动力，我们就一定能获得成功。

1931年美国经济大萧条，正值克罗克成长的年代，为了养活自己，他不得不到处求职，他做过急救车司机、钢琴演奏员和搅拌器推销员。虽然，克罗克偶尔也感觉自己生不逢时，曲折坎坷的命运使他感到无助，但是，他始终怀着无比的激情，相信自己总有一天会打拼出自己辉煌的事业。

1955年，克罗克回到了老家，开始下海经商，即使他已经年过半百，对生活的激情还是没有变，他借债270万美元买下了麦当劳兄弟的餐厅，创立了麦当劳快餐店。经过了几十年的用心经营，麦当劳已经成为世界著名的快餐公司，克罗克也被誉为“汉堡包王”。

对于降临到自己头上的命运，人们往往会有两种不同的态度：一种是逆来顺受，一种是激情拼搏。逆来顺受是一种消极的心态，削减了自信，剩下的就只有接受；而激情拼搏是积极的，即使一次次失败，也不能真正地打败他，在他心中，有源源不断的激情和无限的动力，所以，他没有时间生气、怨恨自己为什么不能成功。他所能做的就是再次站起来，以自己的激情与动力为基础，努力拼搏，总有一天，他会站立在成功的顶峰。

小李是一名歌手，虽然他唱歌很好听，但是由于自己身高不足一米七，一直没能成名。有一次，小李所在的城市举办了一场歌唱比赛，小李想借此机会使自己成功，但是，当他去面试的时候，工作人员竟说："就你，还想出名？小伙子，你还是回家先照照镜子。"在人们的嘲笑声中，小李被推到了门外，但是，小李并不服气，心想：你们太小看人了，我怎么了？我早晚会成为一个歌手的，不信，你们等着吧。

在门外，一些来面试的歌手对小李指指点点，忍不住窃窃私语，有的人还笑了出来。小李微笑着看他们，并不为大家的行为而感到生气，他昂首挺胸地离开了。后来，像这样当街被人取笑的场面不知道出现了多少次，但小李从来不把这些事情放在心上，他一直没有放弃对音乐的追求。终于，奇迹出现了，不久以后，一名著名的音乐制作人看中了小李的音乐天赋，跟他签了约，小李也实现了自己的梦想，成为一名真正的歌手。

在任何时候，小李都有一股强大的精气神，一切的力量都源于一个目标：我早晚会成为一名歌手。或许，正是那份坚忍不拔，以及在目标催动下的无尽激情，铸就了他最后的成功。

在现实生活中，许多人遭遇了失败，心境一下子就落空了，浑身没劲，做什么都提不起精神，更有甚者，会胆怯地选择自杀。其实，只要你还活着，你就有再生的希望，所以保持那份精气神，凭着内心的激情与动力，努力向前走吧！

或许，在我们身边也有这样一些人，虽然他们经历了失败与挫折，但是，他们从来不为之生气，因为心中那份永不熄灭的激情，还有对未来无限追求的动力，他们选择不放弃。他们更希望用自己的实际行动去证明：自己是能行的。其实，他们才是世界上真正的强者，因为他们能经受住来自生活的一切打击。

任何人在遭遇失败的时候，都免不了消极情绪的困扰，不过，那只是暂时的，我们所能做的就是战胜消极情绪，化失败为动力，重振雄风，朝着成功，努力前进。

一旦被情绪左右，你就会失去勇气

很多人在面临困难时都会灰心、失望，有的人甚至会绝望。其实，一个人只要活着，就难免会产生失望。在现实生活中，很多人遇到不顺心的事情、遭遇失败的时候，都会失望，甚至发展成绝望的情绪。消极的情绪并不可怕，可怕的是，我们在失望、抑郁等消极心态中消沉、堕落。所以，在一个人身陷失望之中时，最应该做的是要学会激励自己，而不是自暴自弃。人生可以没有很多东西，却唯独不能没有希望。

当心情低落、没有动力的时候，不妨多多激励自己，增加一些信心和勇气，困难和挫折就会退缩，事情就会顺利一点，压力也就相对小一些。面对失败，不同的人有不同的选择，有人选择放弃，有人选择坚定地走下去，激励自己，更加快速地迈开自己的步伐，稳步前行，这就是勇者。当你面对失败而优柔寡断的时候，机会也在指尖溜走；当你失去自信而怨天尤人的时候，时间也在不知不觉地流逝。当你踌躇不前的时候，多给自己一些鼓励吧，勇敢地迈出成功的第一步，向目标进发。困难、失败不会改变，但我们可以改变自己，鼓励自己，勇敢面对生活中的挑战，不断成长，走向成功。

1. 积极的自我暗示

我们可以通过积极的暗示，将体内的积极的思想激发出来，让自己有个好心情，在不断前进的过程中减少一些负面的因素。如果一个人不断地进行积极的自我暗示，那么他在收获好心情的同时，也更容易获得成功。

2. 立足现在

充分利用对现实的认知力，建立梦想、筹划和制订实现目标的时间表，锻炼自己即刻行动的能力。开始行动是最难的阶段，过了这个阶段，惯性、习惯或者潜意识就会推动我们继续向前。算一下行动起来的好处和不行动的代价，培养一种紧迫感，不要坐等自己想动时才动，更不要等到想清楚每个问题的解决办法之后才开始干。你可以把你的目标公之于众，给自己增加一点鞭策力，或者制订进度表，并分解任务。

3. 明确的目标

目标是一种持久的期望，是一种深藏于心底的潜意识。它能长时间调动你的创造激情，激励自己，支持自己，走向成功的路。目标是一个人成功路上的里程碑。目标让我们有了前进的方向，当你完成一个小目标后，你就会有成就感，也就会更加有信心地去面对接下来的挑战，不断向更高峰前进。

当你被情绪左右，勇气也离你而去时，你也就没有前进的动力，没有行动就没有进步，那么离成功只会越来越远！每天要用目标来激励自己，相信你自己。每天进步一点点，不是做给别人看，也不是要跟别人交换什么，而是出于律己的人生态度和自强不息的进步精神，用积极心态激励自己，引导自己的思想，控制自己的情绪，最终掌控自己的命运。

经常告诉自己：“我可以”

德国人力资源开发专家斯普林格在其所著的《激励的神话》一书中写道：“人生中重要的事情不是感到惬意，而是感到充沛的活力。”“强烈的自我激励是成功的先决条件。”所以，学会自我激励，就是要经常在内心告诉自己，相信自己可以做到。如果你的心被自卑掩埋，那么，你已经输了。

自古至今，大凡成功者，无不具备一项品质，那就是拥有不被打倒的意志力。他们总是满怀希望，因此，即使他们跌倒了，还是会爬起来，跌倒一百次，他们会爬起来一百次，终有一天，他们取得了胜利的果实。失败并不可怕，关键在于如何从失败中奋起，反败为胜。只要你坚持下去，不可能也会变为可能。

所以，我们每个人都应该记住，任何时候都不要放弃志向和自己的希望，哪怕处于人生的绝境中，只要你抱有希望，就能绝处逢生。

1906年11月，本田宗一郎出生于日本静冈县的一个贫穷家庭。

本田在上学的时候非常喜欢逃课，这让他的父亲伤透了脑筋。用本田自己的话说“那种正规的教育真是让人厌恶！”但是，对于学校的实验课，他却非常喜欢，所以他经常逃课去别的班级上他们的实验课。早期的这种富于探索的精神，为他以后的事业奠定了良好的基础。

后来，本田创立了自己的摩托车制造公司。当时摩托车行业已经快要趋于饱和了，但是他没有畏惧，依然硬着脑袋挤了进去。在几年内，他打败了诸多竞争对手，实现了儿时的制造更先进的摩托车的梦想。当然，这期间，他经历了一系列失败。

当本田成功的时候，他说："回首我的工作，我感到我除了错误、一系列失败、一系列后悔外什么也没有做。但是有一点使我很自豪，虽然我接连犯错误，但这些错误和失败都不是同一原因造成的。这使我在失败中学到了很多东西。"

本田总结道："企业家必须善于瞄准不可能的目标和拥有失败的自由。"这句话言简赅地阐明了做大事的人所必须拥有的心态，对很多人产生了深远的影响。

本田的成功经历告诉我们，人生没有一帆风顺，每个人都要经历一些挫折和失败，这并不可怕，可怕的是因为害怕而放弃了希望。只有那些把挫折和失败当成动因并能从中学到一些东西的人，才会接近成功。因为心态是决定事业成功的奠基石，未来的路我们谁都无法预料，我们能做的就是放平心态，锁紧目标，攻克形形色色的困难。

的确，生活中，不少人充满理想，但一旦把自己的理想和现实联系起来的时候，就认为不可能，而这种"不可能"，一旦驻扎在心头，就无时无刻不在侵蚀着我们的意志和理想，许多本来能被我们把握的机遇也便在这“不可能”中悄然逝去。其实，这些“不可能”大多是人们的一种想象，只要你能拿出勇气主动出击，那些“不可能”就会变成“可能”。

生活中，失败平庸者多，除心态问题外，还有思维能力问题，他们在遇到问题时，总是挑选容易的倒退之路。“我不行了，我还是放弃吧。”结果陷入失败的深渊。成功者遇到困难，他们能心平气和，并告诉自己：“我要！我能！”“一定有办法。”因此，我们的思维也需要做到与时俱进。有时候，可能你觉得已经进入了死胡同，但事实上，这只是你没有找到出路而已，而改变事物现状的方法之一就是运用思维的力量。

心理学家告诉我们，很多时候，人们不是被打败了，而是他们放弃了心中的信念和希望。对于有志气的人来说，不论面对怎样的困境、多大的打击，他都不会放弃最后的努力。因为成功与不成功之间的距离，并不是一道巨大的鸿沟，它们之间的差别只在于是否能够坚持下去。

所以，生活中的人们，如果你正在为一件事努力，那么，你不妨想象一下自己成功后的样子，你要相信自己一定能成功，而且要消除一切消极的想法，暗示自己一定能做到，那么，你便能化压力为动力，便会产生超越自我和他人的欲望，并将潜在的巨大的内驱力释放出来，进而最终获得成功。

学会转化，从坏情绪中挖掘快乐因子

每个人都会遇到令自己沮丧的事情，面对这些情绪，你会怎么做呢？每个人都有不同的宣泄情绪的方式，但生气、发脾气只会加深怒气，让自己更加难受，还往往因此得罪别人。最后，不仅对问题没有任何益处，还很可能让事情变得更糟。

而最佳的排解负面情绪的方式就是“转化情绪”，从失意中挖掘快乐，让愤怒、焦虑、埋怨等这些令我们烦恼的情绪，全部转化为积极的、乐观的、向上的正能量。在令人沮丧的事情中发现闪光点，换个角度看待问题，发现事情的“别有洞天”。

天上下着小雨时，我们正在街上，只要把雨伞打开就够了，犯不着去说：“真见鬼，又下雨了！”因为这样说，对于雨滴、云和风都不起作用。倒不如说：“多好的一场雨啊！”当然这句话对雨滴同样不起作用，但是它对我们自己会有好处。我们会抖动一下身子，振奋一下，从而使全身发热。因为最微小的愉快动作也会产生这种效果。这样，你就不必担心自己会因为淋雨而感冒。

在产生负面情绪以后，我们要学会及时转移自己的注意力。这样不仅能避免自己陷入负面情绪的泥潭中，还能令自己分出精力去做其他事情。上帝在为人们关上一扇门的同时，必定会为人们打开一扇窗。而我们要做的，就是去发现这扇窗户。

那么怎样发现这扇窗户，如何将那些负面的情绪转化为正面、积极的情绪呢?

1. 改变自己的面部表情

当我们情绪低落时，不妨学着微笑，这是调整情绪最迅速的一种方式。

假如我们习惯了呈现懊恼、怯懦、冷漠、失落与无奈的表情，就会习惯性地将这些负面情绪表现出来，进而影响我们的情绪。科学研究表明，人在心情愉悦的状态下，不一定会微笑或大笑；但是，当我们微笑或大笑时，身体会自动启动生化机能，使我们的身心感到异常愉快。

假如你真的希望改变自己的消极心态，不妨每天对着镜子摆出个大笑脸，每天5次，每次维持1分钟。只要你持之以恒，这个快乐的动作便能与你的神经系统搭上钩，进而形成一条神经渠道，从而培养出你习惯性的快乐。尝试一下，你会收到意想不到的效果。

2. 改变自己的动作

动作会牵动自身的情绪发生变化，能够改变我们的思维、感受与言行，也会影响人体内化学物质的变化。

我们可以想象一下自己处于这样的状态中：闷着头，耷拉着肩膀，连走路都没有精神的样子，你是否会觉得心情也开始一点点地暗淡下去？但是假如你改变一下自己的日常状态，挺胸抬头，脸上充满笑容，灿烂的阳光会马上照进你的心中，令你倍感振奋。甚至你还能更进一步，尝试着用轻快活泼的步伐走路，这时你的情绪会得到更好的改观。因为这种走路方式会使你的身体更有活力，同时它可以消除你脸上的严肃表情，还可以将快乐带给你身边的人。

3. 分散注意力

可以用其他办法来转化情绪。比如，转移话题或干脆离开现场，去做些别的事，分散一下注意力。稍后你就会发现，情绪已经没那么激动了。

任何情绪都是一份推动力，你无须逃避一些负面情绪，只要学会如何转化情绪，掌握运用情绪的力量，“压力”也能变成“动力”，“愤怒”也能转化成“勇气”，面对生活中的困境，还有何惧！

积极地暗示自己，告诉自己要快乐

在生活中，我们常常会遭遇一些令人生气的人和事，那愤怒的情绪似乎一下子就涌了上来，等待爆发，如何有效地抑制自己心中的怒火？心理学家认为，我们可以积极地暗示自己：没有必要为之生气。或者，思考生气带来的严重后果，这样，那些涌动的愤怒情绪就会逐渐消失，直至心绪完全平静下来。对此，心理专家提出了一些生气时的暗示语："这个人根本不值得我生气""这件事情还没有达到让我生气的程度""其实我并不是一个喜欢生气的人，所以我并没有真正地生气""我根本就不会生气，要是那样就太对不起自己了""我完全可以心平气和地来对待这件事情"等，这些暗示语可以帮助我们克制愤怒情绪，使心绪变得平静祥和。

心理暗示在日常生活中随时随地都可以看到，它是用含蓄、间接的方式对人的心理状态产生影响的过程。一般而言，暗示又分为他人暗示和自我暗示，在生气时的积极心理暗示是一种自我暗示，即自己把某种观念暗示给自己，并使它实现为动作或行为。自我暗示的作用是巨大的，不仅能影响自己的心理与行为，还能影响我们的生理机能。只有积极的心理暗示才能起到增进和改善的作用，反之，消极的暗示能扰乱我们的心理、行为以及人体的生理机能。当你习惯性地想那些快乐的事情，你的神经系统就会习惯性地令自己处在一个快乐的心态，自然就没办法生气了。

有一天，在公共汽车上发生了这样一件事情：一位老先生一不小心，踩了一位年轻姑娘的脚，那位年轻姑娘开口就骂人："你这个老不死的！"可是，这位老先生并没有生气，反而笑呵呵地说："谢谢！谢谢！"老先生这一举动，把周围的人都搞糊涂了，这是怎么回事呢？姑娘骂他是"老不死的"，他不但不生气，反而笑着说谢谢，这老先生的精神肯定有问题。这时，旁边的人问老先生："人家骂你，你还谢人家，这是为什么呢？"老先生回答说："她没有骂我，她给我祝福呢，我没有必要生气。他说，第一我老了，第二我不会死，这不是给我祝福吗，我难道不应该感谢她吗？"听到这样的话，周围的人都笑了，那位年轻姑娘红着脸低下了头。

心理学家马尔兹说："我们的神经系统是很'蠢'的，你用肉眼看到一件喜悦的事，它就会做出喜悦的反应；看到忧愁的事，它就会做出忧愁的反应。"于是，积极的暗示产生积极的心态，消极的暗示产生消极的心态。对我们自己来说，尽量避免运用消极的暗示，比如，"这件事我不做出一定的行动就难解心头之恨""我一定要给他好看"，结果，越是这样暗示自己，越是感到生气，愤怒的情绪还是无法抑制地被释放出来了。

小王已经23岁了，在家中是独生子，平时在父母和同学眼中都是一个乖巧懂事的孩子。但是，最近小王突然发现自己的脾气变得越来越暴躁，常常跟同学产生矛盾，等事情过去之后，他回过头来想，却发现那都是一些特别小的事情，根本没有必要生气。小王在家里也经常跟父母怄气，要是父母说上两句，小王就暴跳如雷，火冒三丈。这样的火暴脾气令小王十分苦恼，他知道这样做是不对的，但真正到事情发生的时候，又控制不住自己，之后又感到十分后悔。

有一天，一位大学同学借了小王的MP3，不小心摔到地上，摔坏了。小王特别生气，虽然那位同学非常小心地向他道歉，但是，小王还是当众把那同学训斥了一顿，严重地影响了两人之间的关系，同时，小王在其他同学眼中的形象也受到了影响。小王为这件事难过了很长一段时间，他弄不清楚自己为什么变成了这样子，小王不断地问自己："为什么我总是这样冲动？难道我的脾气就真的克制不了吗？"

在自我暗示的时候，需要身心放松，关注于自身的状态，这样，我们才能够将注意力集中在某一事物中，时间久了，注意力会自然地分散，不再专注于任何事情，在这样的心境下，自我暗示的效果会更好。其实，自我暗示实际上就是给自己提出任务，自己做自己的老师，并且坚信自己有能力去控制自己的情绪。在这样一种积极的心理暗示下，自己就真的控制了愤怒的情绪，做情绪的主人。

如果你在生活中是一个喜欢生气的人，那么，你不妨给自己一些积极的暗示语，或者给自己设一个座右铭，诸如“野蛮产生野蛮”“脾气暴躁是人类较为低劣的天性”“发怒是没有文化教养的”“发怒是无能的表现”，等等，通过这样一些积极的自我暗示，控制自己的心理活动，并由此获得战胜怒气的精神力量。

我们在生气时，需要运用积极的暗示语，没有必要生气，不停地暗示自己，这样，自己就真的不生气了。

参考文献

[1] 鞠强.情绪管理心理学[M].上海：复旦大学出版社，2020.

[2] 曾杰.别让情绪失控害了你[M].苏州：古吴轩出版社，2016.

[3] 宋晓东.情绪掌控，决定你的人生格局[M].成都：天地出版社，2018.